Star cuisine at home!

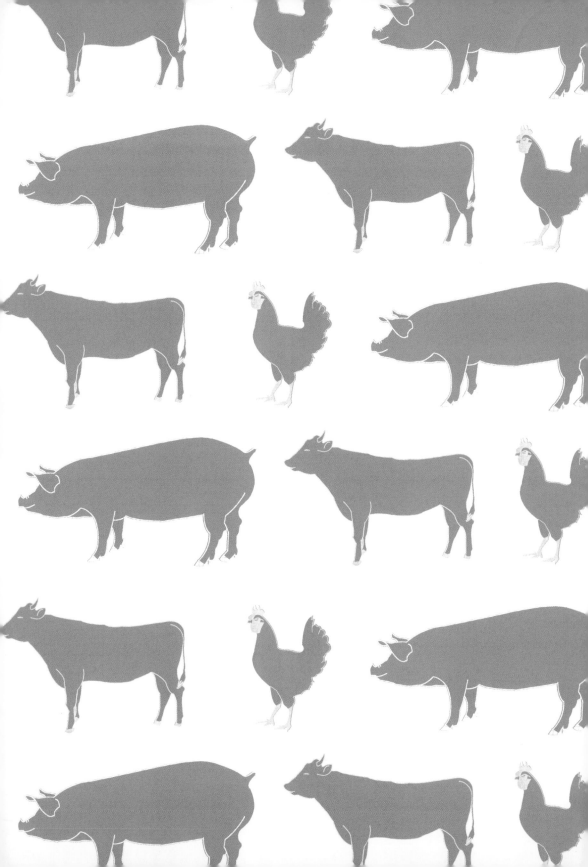

★ ★ ★ ★ ★

## 五星級
# 自慢家常菜

by 料理研究家·Winnie 范麗雯

小預算做出驚奇滋味，
美味配方＋烹調一點訣＋簡單擺盤，
自家料理華麗升級！

# Contents.

## Chapter 0　　　　　　　　　　　用平價食材做五星級自慢家常菜

# Chapter 1

## 平價雞肉部位的星級家常菜

# Chapter 2

## 平價豬肉部位的星級家常菜

# Chapter 3

## 平價牛肉部位的星級家常菜

# Chapter 4

## 平價魚類的星級家常菜

# *Preface*

在寫上一本著作《半調理醃漬常備菜》時，我在書裡許多地方強調不用太高級的肉品或食材，只要以最簡單的調味帶出原味的優點，即便你手邊的食材是從超市、大賣場買來的，只要會預漬，就能馬上提升肉類的口感及風味。

因為這個概念，於是催生了這本如何「以平價食材來做星級家常菜」，而這本書的料理方式又更為寬廣，除了醃漬外，還提供讀者各種其他方法來烹調，例如：掌握食材烹調溫度，又或者食物的中心溫度，進而調理出最適當的口感；碰到味道較腥的肉品或魚類怎麼處理、還有依照食物紋理做合適的切割，能讓它的口感更好…等。

除了讓平價食材變美味，如何讓料理美美地上桌也有一些小訣竅可說！Winnie的許多朋友常會記錄自家餐桌風景，但看到她們的食物照時，總會覺得相當惋惜，因為常是整桌子一盤一坨的菜，呈現出來的樣貌並不會讓人覺得很可口，煞費了料理者特地花時間下廚的用心與苦心，多麼可惜！其實，只要盛盤和配色時稍微留意一下，整盤菜的長相就不一樣了，真的不困難～

期望Winnie這本書，讓讀者們從此對料理有不同的視野，對自家餐桌能有加分的效果，就像Winnie的粉絲團名稱「玩味煮義」一樣，讓廚房如同遊樂場，把玩味道，煮出有意義、也讓自己滿意的菜餚來！

WINNIE 范麗雯

# Chapter

## Before

### 〈 用平價食材做五星級自慢家常菜 〉

〰〰〰

只要懂得善用平價食材，就算採買預算有限，仍能變出一桌好菜。最懂煮婦們採買與煮食困擾的 Winnie 老師，精挑細選價格親切的部位加上她的美味配方，並且不藏私分享提升食材口感的處理與烹調技巧，讓菜色馬上不一樣。

〰〰〰

## 讓平價食材變身高級口感

～～～～～～～～～～～～～～～～～～～～～～～～～～～

　　在日常生活裡，我們有太多機會上餐廳用餐，貴至星級餐廳、中等價位的連鎖餐廳，又或者是路邊攤的平民小吃，每次在外用餐時，大家有沒有常覺得某幾道料理很好吃，想要回家複製的想法呢？其實在家嘗試做看看是很有意思的，比方想像那道菜加了什麼食材？其中的亮點隱味又是什麼？不僅可以訓練味蕾、累積味覺資料庫，還能像做實驗一樣，真的非常有趣！

　　但不是要大家把這些餐點百分之百複製回家，而是覺得大家在用餐的同時，不妨花一些心思去注意食材的搭配、呈現，味道是怎麼樣的？學習餐廳主廚的創意，「原來Ａ食材跟Ｂ食材可以這麼搭啊！」「原來把食物這樣處理，會有這樣的口感跟味道啊！」這些創意都可以成為平常我們在家料理的養分。

　　在本書裡，把看似平凡的口味變成「五星級自慢家常菜」，搖身一變，成為好像吃過卻又有點不同的菜色，除了能讓家人和朋友感受到料理者的用心，料理者也會因為用餐者的滿足而有成就感，相互的反饋讓煮菜成了有樂趣的事情。本著這樣的實驗好奇精神，而著手研究各種菜色，再加入自己的經驗、口味變化做出新一道美味，真的只要用平價食材就能做出自家的星級味道喔！

## 平價食材的大眾選擇

～～～～～～～～～～～～～～～～～～～～～～～～～～～

　　首先，在食材的選擇上，我盡量挑選價格親切的平價食材，這樣才能好買好煮，不傷煮婦們得精打細算的荷包。無論你的採買習慣是在早市、黃昏市場、一般超市，甚至是量販店，都可以買得到這些食材來實際下廚。以下包含四大類：

> 各肉類平價部位的價錢落點

註：以下為寫書期間的採買價格，實際上會有變動可能。

### A. 雞肉 ～～～～～

雞胸肉・300g ／ 65元
雞肝、雞冠、雞腳・1kg ／
100元以內

### B. 豬肉 ～～～～～

絞肉・100g ／ 23元
五花肉・100g ／ 34元
豬後腿・100g ／ 27.5元
腰內肉・100g ／ 26元
豬腱肉・100g ／ 26.5元

### C. 牛肉 ～～～～～

牛腿、牛腩、翼板、火鍋肉片・
大約在100g ／
50多元至70多元間

### D. 魚肉 ～～～～～

一尾魚・200元以內
鯛魚片・500g ／ 158-179元
鯖魚片・半片 ／ 100元以內

## 平價食材的聰明處理

　　為了讓平價食材變高級、變好吃、口感佳，我們可以利用幾個方式讓食材大變身，像是醃漬、烹調前處理、掌握食材烹調溫度及時間，還有切法也可以影響口感。只要先學會以下的小重點，就算食材便宜或採買預算不多，也能輕輕鬆鬆做出好吃的料理來。

### 1. 用調味料、香草香料醃漬去味

　　利用各種可以軟化肉類的調味料，例如：酸性食材（檸檬、醋），發酵食材（味噌、鹽麴、酒、味醂、紅麴）　等；香草、香料則能除去肉類的腥味，進而提升食材風味、掩蓋原本的小缺點。或者以水果入菜也是很好的方法（本書中使用了柳橙、草莓、鳳梨、柚子醬　等），以水果的果酸來平衡肉類的油膩感，同時多了果香。

## 2.食材的烹調前處理讓口感變佳

例如：下鍋前的裏粉，可以增加食物的滑嫩度；魚體本身味道比較重的魚肉，可在烹調前泡一下洗米水，或以熱水澆淋皮面，都是去腥的好方法；或者像雞肝這類內臟的氣味比較重，可以藉由泡牛奶或水、調理前先以蔥薑酒水汆燙…等方式去腥，在書中大部分的食譜都有這樣的小提點。

## 3.掌握食材烹調溫度及時間

例如：以稍多的油做小火油燜或低溫油封；雞胸肉可用真空低溫的舒肥法保持肉質鮮嫩；燙煮肉類時，以小火加蓋開一縫的方法，讓水溫一直維持不滾的狀態，以免水溫過高會讓肉的蛋白質變得又硬又乾；又或者，像筋膜比較多的肉類，需要以長時間小火燉煮才能將膠原蛋白轉換成膠質，而肉質比較細緻但又缺乏脂肪的肉（像腰內肉、雞胸肉、牛排…等）就需掌握好食物調理的中心溫度，讓肉類保持鮮嫩多汁。

## 4.切法影響料理成品口感

例如：打掉重練的方式，將粗纖維的肉類來做成絞肉，以逆紋切的方式來處理整塊肉類，將肌肉粗長的纖維切短；或者魚類，將充滿魚刺的魚去骨再片成魚排，都可以增加它的高級感（不擅片魚的人，可以請魚攤老闆幫忙處理，或是直接買魚片）。

## 平價食材的加分調味

～～～～～～～～～～～～～～～～～～～～～～～～～～～～

　　Winnie認識的一位長輩，她家中的廚房只有鹽、醬油、米酒、鰹魚粉，每年去她家吃飯時，總覺得餐桌上料理永遠都是單調而乏味的。調味料之於料理就像服裝造型的配飾一般，相同的兩件衣服，加了圍巾、腰帶，整體造型感就提升不少，而食物也一樣，加了一點不同的調味料，會讓整道菜餚味道完全豐富了起來。

> ### 常備任何菜式需要的香草香料

　　在這本書裡使用到許多新鮮或乾燥的香料香草，乾燥的像是薑黃粉、芫荽籽…等；新鮮香草則可以到花市買小盆回家種，像是百里香、迷迭香、薄荷葉…等，要做菜時能即刻摘取，不僅價錢合算，而且天然香味入菜真的非常迷人。以上都是能改變食物風味的絕佳食材，建議多嘗試使用，料理風味層次馬上不同喔。

## 想做亞洲風味時

　　我們平常最熟悉的就是亞洲料理，其中台菜中菜最常見的調味料包含了醬油、油、蠔油，雖然蠔油是中式調味料，但在蒲燒魚的醬汁裡加一點蠔油，整個醬味就會更有層次。另外，一年一度會買來搭配粽子的甜辣醬，不是只能當沾醬使用，也可以拿來做料理喔！例如：在醬燒料理中，加一點甜辣醬，可讓整個調味更有層次。

　　泰式料理也是許多台灣人喜歡的味道，它的最大特色就是甜、酸與辣，酸與辣來自於檸檬汁與辣椒，甜味可使用家裡的現有的糖；建議可以買椰子糖來試看看，椰糖是低GI食品，既天然又風味清甜。

　　另外，魚露一定不可缺少，有的人可能覺得買了一罐魚露會不會用不完呢？不用擔心，魚露不僅限於泰式料理的使用而已，還可加在油燜辣味虱目魚（173頁）裡提鮮添味，或是涼拌白菜（155頁）的調味，以及蒸雲吞肉丸子（69頁）的調味，都可使用魚露喔。

韓式料理不外乎我們所知的韓國大醬、辣椒醬、芝麻油、辣椒粉，但如果沒有大醬、辣椒醬怎麼辦？Winnie特別推薦以味噌醬來取代韓國大醬，辣椒醬就用台式的吧～或者把沾粽子的甜辣醬拿來用也無妨，料理無國界，可以調出有自己風格的味道來。

　　日式調味料是一般家庭最熟悉的了，例如：味醂、味噌、鹽麴，或許目前許多家庭已經把它們視爲常備調味料了！像味噌不只是拿來煮湯，還可做爲料理時的調味料使用，用它來醃魚、醃肉，做成味噌烤魚、烤肉，或者醃蔬菜都可以！又或者調成醬汁，在炒肉炒菜的時候加入也很棒。

### 想做西式料理時

　　西式料理通常非常需要「香味蔬菜」的加持，像大蒜、洋蔥、西洋芹以及胡蘿蔔，都是可以增加香味與甜味的食材；另外就是前面提到的西式香草植物，都是絕對不可以少的，除了添味增香外，還能在料理完成時當擺盤配飾使用。

　　另外像是檸檬或柑橘類，新鮮榨汁拿來入菜可去油解膩外，在最後上桌前刨一點檸檬皮或柳橙皮，除了增加顏色亮點，果皮揮發的沁人香氣也讓料理更為加分！

## 配菜小心機！讓餐盤視覺變高級

試著想像一下，如果一個餐盤裡只有主食材和飯麵，這樣用餐時是否有點無聊呢？不管是滿足視覺或口感，我習慣用一些小配菜來增加餐盤裡的豐富度。小配菜的做法不會麻煩，需要是快速完成的類型，才不會讓下廚有太多負擔。

### 隨時常備的簡單配菜

一般來說，主菜的類型不外乎是煎炸、燒烤、燉煮，而配菜之於主菜，必須不搶戲又能襯托出主菜的味道，所以在調味上千萬不能重於主菜，好讓整體味道平衡協調。在書中，我設計了以下四類配菜來佐搭：

| 涼拌配菜 | 沙拉配菜 | 簡單煮配菜 | 醃漬配菜 |
|---|---|---|---|
| 鹽麴涼拌鴻喜菇綠花椰 | 桃子泡菜 | 香料馬鈴薯泥 | 越南風味糖醋漬蘿蔔 |
| 涼拌白菜 | 小黃瓜番茄沙拉 | 糖醋洋蔥紅蘿蔔 | 炸雙椒浸漬 |
| 鰹魚風味碗豆莢 | 草莓芝麻葉沙拉 | 烤蔬菜沙拉 | 焦糖紅蘿蔔 |
|  |  | 山藥薯條 |  |

煎炸類的主菜配菜最好準備沙拉、涼拌菜、醃漬類來搭，因為具有去油解膩的功效，例如：煎炸的「腐皮魚餅」搭配上「涼拌白菜」，在煎炸到外表酥脆與鮮香的魚餅中，加上爽脆清甜的白菜，料理口感瞬間變得有層次起來。

　　燒烤類的主菜也適用於同方式，例如：「巴沙米可醋烤豬菲力」搭配同樣以巴沙米可醋當基底醬汁的「草莓芝麻葉沙拉」，巴沙米可醋帶出草莓的甜，而草莓的甜增加了烤肉的香！還有「越南風味烤豬腱」這道，搭配了「糖醋醃漬蘿蔔」，兩者都是越式風味很和諧，糖醋的酸味還可化解烤肉的膩，再加上生菜及花生碎一起盛盤來增加色彩，大大滿足食用者的視覺味覺。

　　另外，利用根莖類來做配菜，設計「一盤一餐」的概念，例如：以「義式白酒燉豬腱」的醬汁來燴馬鈴薯泥，整個味道彼此融合又增加飽足感；又如「培根雞肉捲」，是以香煎山藥薯條來取代傳統的油炸馬鈴薯，既有特色也健康加分！

## 把平價食材變好吃好看

〜〜〜〜〜〜〜〜〜〜〜〜〜〜〜〜〜〜〜〜〜〜〜〜〜〜

> 料理時的烹調小技巧

　　雖然書裡設計的食譜都是平價食材為主角，但為了讓大家能更加感受平價食材的變化魅力和料理廣度，我特別從「香氣與口感」、「食物形態」、「食材處理」這三方面著手，多花一點心思，精緻度馬上就不一樣，就算是在家裡吃，也不能馬虎啊，因為這些小心機都是為了讓家人們把飯菜吃光光，不要剩下一大堆又跑到煮婦的肚子裡…，要流汗煮飯又要吃剩下來的食物，那這樣誰還想要辛苦煮飯呢？把握三個重點，就能讓料理常常有變化喔。

### Point 1. 為主食材增加香氣或口感

在主菜肉品的烹調當中，加上飽和色彩的香草、蔬菜來增色添味，例如：炸腰內肉豬排內夾上紫蘇為酥炸肉品增添香氣，或放可增加風味及口感層次的食材，像是起司增加滑順感、肉丸子裡的紅蘿蔔丁、雞肉泥裡的玉米粒。

### Point 2. 改變食物原本的形態

例如：把肉塊打成肉泥、魚漿以及去頭去骨的魚排；還有湯品也適用，像是中式的「山藥蛤蜊湯」，就是特意以果汁機或食物處理機將山藥湯打成綿密好入口的狀態。

### Point 3. 同種食材做不同處理

用高級餐廳料理的做法，將同一種食材分成不同的處理方式，例如：把醬汁加入水蜜桃泥，再加上水蜜桃丁來增加口感；做花椰菜濃湯時，先留幾朵小小花椰菜，以平底鍋煎烤後再鋪在打成泥的花椰菜濃湯上。

---

> ### 料理後的擺盤小注意

　　如果希望煮出來的成品更好吃，那就不得不在意一下料理視覺，因為擺盤方式也會影響食用者的第一印象。食物在上桌前，不是只有盛盤就好，堆疊方式也很重要。一般高級餐廳的盛盤方式，常以「集中托高」的堆疊法，不管是混合食材的大鍋炒，或者菜是菜、肉是肉的料理，還有一塊一塊分切的主菜，都可用這種盛盤方式來處理，特別是在宴客時，就能把料理弄得有模有樣。

### Step 1. 選擇餐盤

一般來說，白色與深色盤是最保險的盤子顏色了，因為無論搭配任何菜餚都能突顯出料理本身的重點；而容器材質除了磁器、陶器外，近年來流行的木器、岩板、大理石，則可以讓菜餚像藝術作品一樣被呈現出來！

### Step 2. 擺盤留白

選好盤子器皿後，盛裝時需在盤中有適當的留白，不要把整個盤子都蓋滿了食物，這樣再好吃的食物都成了壓力！

### Step 3. 套餐形式

推薦小家庭可以用一小疊一小疊的餐盤分食，或用個人整盤套餐的方式讓料理上桌，一方面盛盤較為美觀外，也可以讓營養平均分配到每個用餐的家人身上。

### Step 4. 加點顏色在成品上

盛盤後，可以點綴與菜餚味道搭配的香草（像是蔥、香菜、薑、辣椒、九層塔、巴西利、百里香、羅勒葉、迷迭香…等）；或撒上香料（黑胡椒、孜然籽、芫荽籽…等），千萬記得是原本料理裡就有的香草香料，或者味道要契合的香草或香料，搭起來才會合拍。或者撒上堅果類（花生、杏仁片　等），以增加香脆口感，也可以是果皮磨成屑，例如：柳橙皮、檸檬皮屑…等，除了有柑橘類精油的自然香氣，在顏色呈現上還有畫龍點睛的效果。

_Chapter_

_Chicken_

## 〈平價雞肉部位的星級家常菜〉

~~~

本篇章介紹了雞胸肉（解決肉質的澀感，使其變滑嫩）、雞內臟
（去除腥味，讓口感變好）的處理烹煮訣竅。以及，示範大家可能
不太常買，但是煮湯很好用的雞冠、雞骨、雞脖子骨…等部位，
教你如何熬出鮮甜的萬用高湯。

~~~

# Cuts of Chicken

平價雞肉部位介紹

**雞胸肉** ～～～～～～～

雞胸肉脂肪含量低，許多人會覺得口感柴澀，以至於價格便宜。但在歐美國家，他們認為雞胸肉是蛋白質含量很高的白肉，相較於雞腿來講，反而是更珍貴的肉。其實，只要注意烹煮溫度不宜過高，就能改善蛋白質因凝結後的乾澀肉質。在書中，我示範了雞肉捲、酥炸、簡易舒肥後做成雞絲沙拉…等吃法。

**雞肝** ～～～～～～

雞肝雖然廉價，但具有極高的營養價值，只是要注意如果處理和烹調不當的話，口感及味道都會不好，讓很多人不愛吃。雞肝的血管是腥臭味的來源，買回家後，務必先用刀子去除血管，洗淨後再放至冰箱保存即可。如果買回家後直接放入冰箱，雞肝腥味就不易去除，烹調時得以較重味的香味食材，才能壓過雞肝的腥臭味。

**雞脖子骨、**
**雞冠、雞骨架** ～～～

這三種部位，是大家可能不太會去注意或購買的部位，或是買全雞時常被丟掉不吃，但它們是做高湯的好用平價食材，可別浪費了！書中會教大家如何來煮萬用的雞高湯。

一般在市場上是販售已去除外皮的雞脖子骨，這個部位沒有淋巴結及用藥殘留的疑慮；而雞冠富含膠質，會讓高湯更加溫醇好喝。購買去骨雞腿或雞胸肉時，可以請肉販幫忙留下來雞骨架的部分。

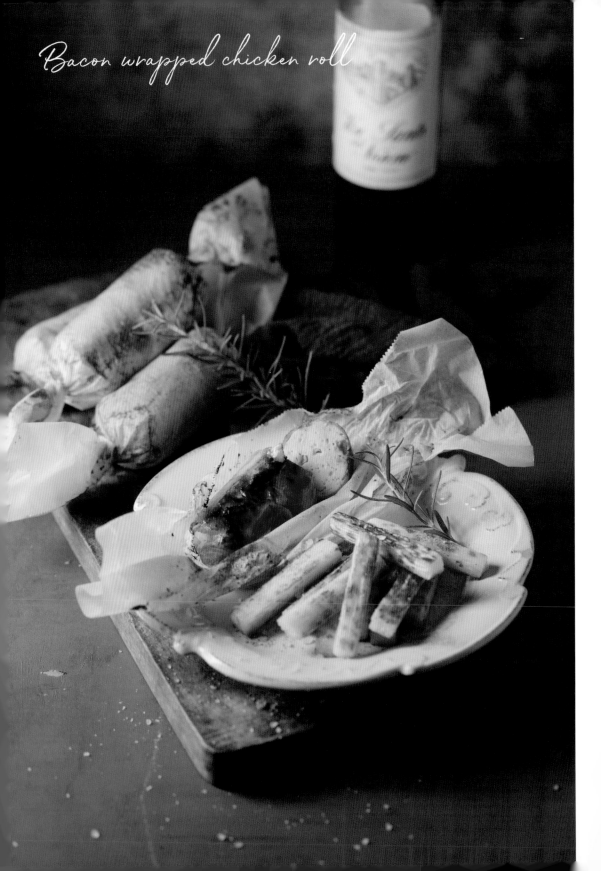

Bacon wrapped chicken roll

雞胸肉／可做便當菜（熱或冷食）

# 培根雞肉捲

西式

## *Ingredients*

雞胸肉・300g
去邊吐司・30g
牛奶・50ml
帕瑪森乳酪粉・15g
鹽・適量
大蒜・1瓣
肉豆蔻粉・適量
罐頭玉米粒・50g
培根・4片

## *Step by step*

1　將吐司泡牛奶至軟，擠乾水分後取出，備用。
2　在食物調理機中加入雞胸肉、泡軟吐司、乳酪粉、鹽、大蒜、肉豆蔻粉打成泥。
3　將作法2倒入大碗中，加入玉米粒，快速拌勻。
4　在烘焙紙刷上一層油，先鋪上培根，上面再鋪上肉泥，將培根包起，捲成糖果狀，以烤箱180度C烤25-30分鐘。

### ★ 料理老師的星級美味秘訣 ★

把雞胸肉絞過是破壞掉肌肉纖維組織的方式，再加上泡過牛奶的吐司，做出來的成品口感更為鬆軟。

Yam fries with salt and pepper

加分配菜！

# 椒鹽山藥薯條

熱食系

## Ingredients

山藥 · 300g
鹽 · 適量
白胡椒粉 · 適量

## Step by step

1   山藥去皮，切成粗長條狀（約寬1cm，長7cm）。
2   平底鍋熱油，將山藥表面煎成金黃色後取出。
3   加入鹽、白胡椒粉拌一下即可。

# Fried chicken with peach mayonnaise

雞胸肉／可做便當菜（熱食）

# 水蜜桃醬燴炸雞塊

中式

## *Ingredients*

雞胸肉‧1/2副
醬油‧1.5小匙
砂糖‧2小匙
蒜泥‧1小匙
蛋液‧1大匙
麵粉‧2大匙
玉米粉‧適量
罐頭水蜜桃‧1顆
杏仁片‧1大匙（可不加）

【醬汁】
美乃滋‧50g
水蜜桃‧1/2顆
檸檬汁‧1小匙
砂糖‧1/2小匙

## *Step by step*

1　將雞胸肉切丁，用醬油、砂糖、蒜泥醃1小時以上。
2　取出罐頭水蜜桃1顆，切成與雞丁一樣大小。
3　【醬汁】材料放入食物調理機打勻。
4　雞丁放入大碗中，加入蛋液、麵粉拌勻後取出，沾上玉米粉，等稍微回潮，以170度C炸至表面金黃色後撈起。
5　平底鍋加熱後熄火，加入作法3打勻的醬汁、炸好的雞丁及水蜜桃，一起拌勻後盛盤，最後撒上杏仁片。

### ★ 料理老師的星級美味秘訣 ★

1　玉米粉能讓炸物有酥脆感，而加上麵粉會有Q感。
2　醬汁的甜味與酸味會因為中西日式美乃滋品牌的不同而有異，可以加檸檬汁或糖來微調出喜愛的口味。
3　撒上用平底鍋烤上色的杏仁片，為這道料理的口感加分！
4　同一種食材用不同方式處理，以增加口感層次，比方將水蜜桃打成泥、切成丁。

Broccoli and Beech Mushroom
in Shio Koji sauce

加分配菜！
# 鹽麴涼拌鴻喜菇綠花椰

冷食系

### Ingredients

綠花椰菜 · 1/2顆
鴻喜菇 · 1包
小番茄 · 10顆

【醬汁】
鹽麴 · 1大匙
香油 · 2小匙
蒜泥 · 1/2小匙

### Step by step

1　用小刀在小番茄的屁股劃出十字紋，放入熱水中燙一下撈起，泡冰水後去皮。

2　將綠花椰菜分成一朵一朵，與剝散的鴻喜菇一起放入蒸鍋，或電鍋中蒸熟後取出。

3　製作醬汁，將鹽麴、香油與蒜泥拌勻。

4　小朵綠花椰菜、鴻喜菇、小番茄與醬汁拌勻後即可盛盤。

Chicken breast salad
with orange sesame sauce

雞胸肉／不適用於便當
# 橙香胡麻雞絲沙拉

和洋式

## Ingredients

雞胸·半副（約250g）
鹽·1/2小匙
米酒·1/2小匙
京都水菜·2束

【醬汁】
美乃滋·50g
烤過的白芝麻·2大匙
醬油·2小匙
柳橙汁·2大匙

## Step by step

1　取一個乾淨的夾鍊袋，放入雞胸，倒入鹽、米酒後，把袋子空氣排出成真空後封口。

2　按下電子鍋的保溫鍵，放入雞肉，加上80度C的熱水，保溫90分鐘後取出，放涼後撕成絲。

3　烤過的白芝麻放塑膠袋中，以擀麵棍壓碎成粉的狀態，倒入碗中，加入美乃滋、醬油、柳橙汁拌勻。

4　將京都水菜切5cm段，放入大碗中。

5　京都水菜與熟雞絲拌一下盛盤，最後淋上醬汁。

★ 料理老師的星級美味秘訣 ★

許多人不吃雞胸肉是因為覺得很柴，但以低溫真空烹調方式，就能讓它的口感變得鮮嫩多汁。

# On the table.

沙拉類的料理通常需做出蓬鬆感，讓整道菜看起來不會塌塌的，不妨嘗試把蔬菜或食材堆得尖尖，淋醬只要稍微點綴一點即可。

這道菜上桌前先不拌開，改以淋醬的方式上桌，由用餐者自己拌，保有菜餚最好的樣子，視覺上也不會髒髒的或很混亂。

拍攝時，希望讓畫面清爽不沉重，選了兩種不同材質的淺色底來襯底，想營造出夏日餐桌的感覺。左邊的拍攝角度是從側面看過去，把焦點放在料理本身；而右邊照片的用餐氛圍感比較明確，可利用手邊同色系的小道具，陳列在料理後面。拍攝時以45度角的方式，讓盤中食材露出多一些。

Linguine with chicken liver ragu

雞肝／不適用於便當

# 茄汁雞肝義大利麵

義式

## Ingredients　　2人份

義大利寬麵或扁舌麵 · 180g
雞肝 · 200g
牛奶 · 適量
蘑菇 · 100g
大蒜 · 1瓣
紅酒 · 50ml
月桂葉 · 1片
肉豆蔻粉 · 少許
罐頭番茄泥 200g
起司粉 · 1大匙
無鹽奶油 · 20g
橄欖油 · 適量
鹽 · 適量
黑胡椒粉 · 適量

去除血管和筋

## Step by step

1　去除雞肝血管及筋，將血水沖
　　洗乾淨，泡入牛奶或冷水30
　　分鐘去腥。

2　洗淨雞肝後切塊，蘑菇切4
　　瓣，蒜瓣去皮壓扁，備用。

3　平底鍋加熱奶油及橄欖油至冒
　　泡泡程度，加入大蒜、雞肝、
　　蘑菇，兩面煎上色，取出大蒜
　　丟棄。

4　倒入紅酒煮至酒精揮發，加上
　　番茄泥、月桂葉、肉豆蔻粉、
　　鹽與胡椒粉，以小火煮10分
　　鐘，取出月桂葉丟棄。

5　同時間，備一滾水鍋，加入
　　鹽，將麵條依包裝指示的時間
　　再減1-2分鐘煮好。

6　加入一大勺的煮麵水至作法4
　　的醬汁鍋中，加入麵條，拌炒
　　至均勻裹上醬汁，加入起司粉
　　拌勻，熄火盛盤，再撒上份量
　　外的起司粉。

★ 料理老師的星級美味秘訣 ★

以泡牛奶的方式為雞肝去腥，加上紅酒及其他香料，可蓋過雞肝的
腥味。

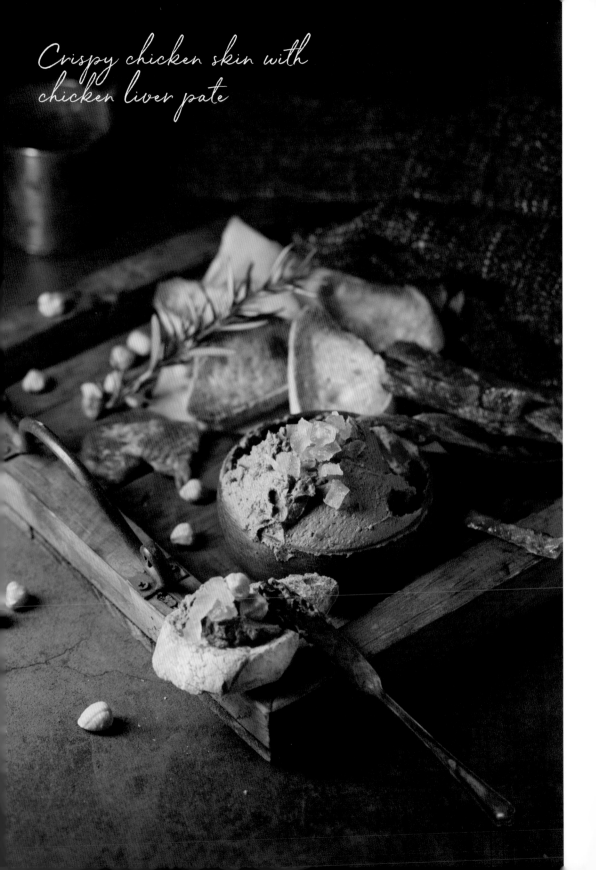

Crispy chicken skin with chicken liver pate

雞肝／不適用於便當

# 脆烤雞皮佐雞肝醬

西式

## Ingredients　　2人份

雞肝‧200g
牛奶‧適量
洋蔥‧1/4顆（切碎）
瑪薩拉酒或白蘭地‧2大匙
鮮奶油‧60ml
鹽‧適量
橄欖油‧15g
無鹽奶油‧15g
雞皮‧適量
堅果‧適量
柚子皮乾‧適量（裝飾用）
芝麻葉（裝飾用）

## Step by step

1　去除雞肝血管及筋，將血水沖洗乾淨，泡入牛奶或冷水30分鐘去腥。

2　平底鍋加熱橄欖油及奶油，將雞肝外表煎至金黃色取出備用，接著加入洋蔥碎，以小火炒軟，將雞肝倒回鍋中。

3　倒入瑪薩拉酒，煮至收汁，加鹽調味，熄火。

4　將雞肝放入食物調理機，加上鮮奶油，打成泥，即為雞肝醬。

5　將整塊雞皮平鋪在平底鍋中（不加油），上面蓋烘焙紙，再以直徑小於平底鍋的蓋子壓住，開火煎烤，等油逼出來後，確認雞皮是否呈金黃色，再將雞皮翻到另一面，續蓋烘焙紙及蓋子，將兩面都煎脆後取出，以剪刀剪成長條狀。

6　雞肝醬請搭配雞皮一起享用～

### ★ 料理老師的星級美味秘訣 ★

同樣以泡牛奶的方式將雞肝去腥，另外加上瑪薩拉酒或白蘭地去腥提香。將這道料理盛盤時，可加上柚子皮乾和芝麻葉裝飾。

# On the table.

一般來說，煮過的雞肝通常會是很暗的灰色，在視覺上的確不那麼討喜，所以設計這道菜時，特意撒上烤香的榛果、切小丁的柚子皮乾，以及鮮綠的芝麻葉、烤得金黃的長棍麵包片裝飾，以增加不同的口感層次，也讓餐盤視覺更活潑、多了一些小亮點。

攝影師嘗試了兩種拍法，一是俯拍的方式，在暗色底紋上放木托盤和一碗抹醬、煎到脆的雞皮，再以各種食材配角來增添畫面的張力與氛圍，點線面都有了，另外也能清楚看到抹醬的質地；另一種是特寫抹了醬的麵包片，但因為雞肝醬是濁色，放上一點綠稍微點綴，整道菜的顏色就不會那麼沉。

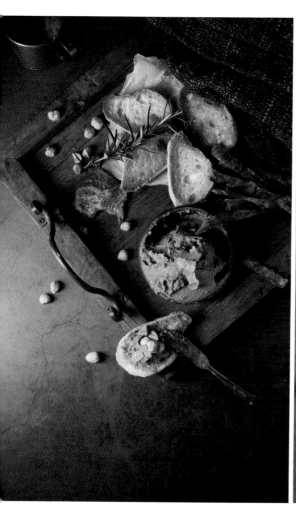

Braised Chicken liver with
soy sauce and julienned ginger

雞肝／不適用於便當

# 薑絲醬燒雞肝

中式

## *Ingredients*

雞肝·300g
薑絲·20g

【燙雞肝用】
蔥·1根
薑片·2片
米酒·1大匙

【醬汁】
醬油·2大匙
米酒·1大匙
砂糖·1大匙
味醂·2大匙

## *Step by step*

1　去除雞肝血管及筋，將血水沖洗乾淨，

2　在鍋中加水，放入蔥、薑片、米酒煮滾，加入雞肝燙一下變色就立刻取出。

3　在鍋中加入燙過的雞肝、薑絲及醬汁材料，以中小火煮至收汁剩一半即可。

★ 料理老師的星級美味秘訣 ★

利用蔥、薑、米酒來汆燙雞肝，也可以去除腥味。

Stock making with food scrap

不適用於便當

# 剩食材做蔬菜雞高湯

中式

## Ingredients

雞脖子骨．10隻
（或可使用雞骨架）
雞冠．3個
帶皮白蘿蔔頭尾（含綠色莖）
各1cm
白蘿蔔外圍粗纖維．1/4顆
洋蔥皮．1顆
帶皮紅蘿蔔頭尾（含綠色莖）
各2cm
水．2000ml
黑胡椒粒．10 顆

## Step by step

1　備一加了2000ml冷水的鍋
　　子，放入雞脖子骨、雞冠，開
　　大火煮至滾，撈除表面的浮沫
　　及油。

2　將其他材料放入鍋中，轉小
　　火，不蓋鍋煮90分鐘，中途
　　要不時撈除浮沫。

3　煮好後，瀝出高湯使用。

★ 料理老師的保存秘訣 ★

通常，我會將做好的高湯迅速隔冰水冷卻，先放冷藏至隔日，可再
撈除表面結塊的油，再以平日家庭的使用量來分裝（例如：500ml
一包），然後裝入夾鍊袋放冷凍庫保存。

Creamy clam yam soup

雞冠與雞脖子骨／不適用於便當

# 蛤蜊山藥濃湯

中式

## Ingredients

剩食材蔬菜雞高湯‧300ml
山藥‧300g
蛤蜊‧300g
米酒‧1大匙
枸杞‧1大匙
鹽‧適量

## Step by step

1　用水沖洗一下枸杞，瀝乾；山藥去皮，切大塊，備用。

2　蛤蜊泡水吐沙洗淨後，放入湯鍋，加1大匙米酒，加蓋煮至蛤蜊打開，撈出蛤蜊、瀝出蛤蜊汁，備用。

3　剩食材蔬菜雞高湯倒入湯鍋，加入作法2的蛤蜊汁，加上山藥塊煮軟，加鹽調味。

4　將作法3倒入食物處理機中打成濃湯，再倒回鍋中，放入蛤蜊，再度開火煮滾後熄火，盛碗撒上枸杞。

### ★ 料理老師的星級美味秘訣 ★

我們一般在煮這道湯時，通常是把山藥切塊來煮，成品外觀就是很家常的樣子。面對同樣的食材，不妨嘗試一下改為濃湯的作法，不管是味道或口感都讓人眼睛一亮喔！

Creamy cauliflower soup

雞冠與雞脖子骨／不適用於便當

# 白花椰菜濃湯

西式

## *Ingredients* 　　2人份

白花椰菜 · 250g
洋蔥 · 1/4 顆
剩食材蔬菜雞高湯 · 250ml
水 · 1大匙
鹽 · 適量
橄欖油 · 適量
杏仁片 · 1/2 大匙
黑胡椒粉 · 適量

## *Step by step*

1　白花椰菜切小朵，將其中幾朵
　　（小朵一點）放入平底鍋中，
　　不加油乾烤至上色，取出之後
　　裝飾湯品用，另外將杏仁片烤
　　上色；洋蔥切絲，備用。

2　平底鍋中放入洋蔥絲，淋上幾
　　圈橄欖油，加1大匙水，加蓋
　　以小火煮至軟，等水收乾，開
　　蓋拌炒一下。

3　加入白花椰菜，拌炒一下倒入
　　剩食材蔬菜雞高湯，加蓋煮
　　軟，加鹽調味。

4　以食物處理機將作法3打成
　　泥，盛盤，鋪上烤過的白花椰
　　菜，撒上杏仁片、黑胡椒粉，
　　最後淋上幾圈橄欖油。

# On the table.

去高級餐廳喝濃湯時，有時會看到湯品裝飾得很美對吧？在家其實也能用簡單的方式做到。只要將同一種食材處理成不同的樣子，就能做出層次來。比方說，留幾朵白花椰菜，以平底鍋煎烤到略帶焦色，然後鋪在濃湯上，再添加烤杏仁片在湯上、淋上橄欖油、撒點黑胡椒，湯品就不會只是白白的一碗那麼單調囉。

拍攝濃湯時，不妨加一些配角，讓用餐的人可以想像一下接下來入口的湯品味道。左邊的照片是在湯裡加了烤微焦的小朵白花椰菜，量不要多，看起來會比較精緻，並且放幾朵在桌面上，拍攝時聚焦在湯品本身。而右邊的照片裡，放了一些小道具，從上方俯拍出餐桌感覺，從這樣的角度可以看到湯品表面的紋路、一點食材揮撒的隨意感。

# Chapter

## Pork

### 〈平價豬肉部位的星級家常菜〉

~~~

本篇章介紹了豬腿肉、腰內肉、豬腱肉、豬腹脇肉（又稱五花肉、三層肉）的處理烹煮訣竅，比方解決油脂較多的問題，或是肉絲纖維明顯的困擾，只要改變這些肉品的原有形態，口感和菜色外觀都會不一樣。另外，還有很方便的火鍋肉片，教你如何變化炒食不同國籍風味。

~~~

# Cuts of Pork

## 平價豬肉部位介紹

### 豬腿肉

豬腿肉分為豬前腿（胛心）與豬後腿，前腿肥瘦相間，口感較好，後腿的部分除了上面一層肥肉，整塊是瘦肉，肌肉纖維長，口感較澀，市面上多以整塊（或切大塊）、絞肉、切絲切片販售。一般中式烹調方式是整塊肉去滷煮，而書中示範的菜色是切成薄片做涼拌，以及比較特別的絞肉料理。

### 腰內肉

腰內肉又稱「小里肌肉」，是整隻豬最嫩的部位之一，脂肪含量低，肌肉纖維細小，適合切片或絲來煎、炒、煮、炸，或整條烤都可以，加熱時間不需要太長。

### 豬腱

豬腱是大腿上的肌肉，沒有脂肪，外表包覆一層膜並夾雜軟筋。豬腱味道很淡，一般中式烹調方式是長時間滷煮再切片；另外市面上也有販售帶骨的豬腱。書中示範的是義式、越式…等不同風味的豬腱料理。

### 豬腹脇肉

又稱「五花肉」、「三層肉」，脂肪與瘦肉交疊分佈，一般的烹調方式為燒烤、滷煮、絞肉，經過滷煮或煎烤後可去掉一些脂肪。書中分享的食譜是比較清爽的醬汁類型搭配五花肉，吃起來較不膩口。

### 火鍋肉片

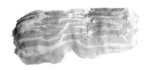

一般市面上的火鍋肉片有五花、里肌以及梅花，除了煮火鍋外，薄片特別適合拿來簡單快炒，烹調難度低。市售火鍋肉片大多是一盒一盒的，不僅價格實惠，還可依食用需求、家中人口數來分次烹調，是很便利的好選擇。

Sliced pork in chili sauce

豬腿肉／可做便當菜（冷食）

# 紅油涼拌薄片

中式

## Ingredients

帶皮豬後腿肉或胛心・600g
花椒粒・10顆
蔥・1根
薑・2片
紅蘿蔔・50g
香菜・1束

【醬汁】
醬油・3大匙
糖・1-1.5大匙
白芝麻・2小匙
四川紅油・1.5大匙
白醋・1.5大匙
蒜末・2瓣
蔥花・1大匙

## Step by step

1　整塊豬肉放入湯鍋中，加入花椒粒、蔥、薑，以及蓋過豬肉的冷水。煮滾後撈掉浮沫，蓋子留一小縫，以小火煮約30-40分鐘，煮至用筷子容易穿透的程度後熄火，再蓋鍋燜10分鐘，取出放涼後置冰箱保存。

2　紅蘿蔔切絲，香菜切粗碎備用。

3　用平底鍋乾烤芝麻，烤香後倒入塑膠袋中，用擀麵棍稍微壓碎。

4　將白芝麻和【醬汁】的其他材料調勻。

5　取出作法1的肉，逆紋切成很薄很薄的薄片。

6　在盤子鋪上肉片、紅蘿蔔絲，淋上醬汁再撒上香菜即可。

### ★ 料理老師的星級美味秘訣 ★

1　以花椒粒、蔥、薑片煮肉，可以有效去除肉腥味。

2　整塊煮熟後再「逆紋」切薄片，將它的肌肉纖維切斷，加上醬汁中的油脂，口感會更為滑順。

*On the table.*

～～～～～～～～～～～～～～～～～

這道菜的主食材是白花花的肉片，建議擺盤時，以「富士山型」為原則，以中間較高的方式堆疊底層的肉片，再讓紅蘿蔔絲集中在山頭，淋上醬汁，最後抓一撮香菜葉綴飾（可保留一些完整的葉子不切碎），讓整體很有份量感，醬汁也能流下來，引人食慾。

由於醬料是紅的、紅蘿蔔也是紅的，所以選用了暗色系的底紋，讓料理顏色可以跳得出來。比較靜態的拍攝方式是在後方放一些枯枝、空瓶⋯等小配角，做出一點情境氛圍，像是左邊照片的呈現方式；另一張照片則是加入手部動作，藉由倒醬汁的方式讓畫面比較活潑，原本聚焦的地方會從料理移到醬汁本身，能看得到醬汁稍帶顆粒的質地緩緩落下。

～～～～～～～～～～～～～～～～～

Steamed meatballs in
wonton wrappers

豬腿肉／可做便當菜（熱食）

# 蒸雲吞肉丸子

中式

## *Ingredients*

豬絞肉（豬前腿）· 250g
紅蘿蔔 · 30g
小片的餛飩皮 · 10片

【醃肉料】
薑泥 · 1/2小匙
蒜泥 · 1/2小匙
紹興酒 · 1小匙
魚露 · 1小匙
鹽 · 1/4小匙
白胡椒 · 1/8小匙

【醬汁】
香油 · 適量
太白粉水
（太白粉1/2 小匙，水適量）

## *Step by step*

1  紅蘿蔔切小碎丁，餛飩皮切 0.7cm 條狀再切三段，備用。
2  豬絞肉、紅蘿蔔和【醃肉料】拌勻至有黏性醃1小時以上。
3  取適量拌好的絞肉，以手摔打成丸子，表面沾上餛飩皮，盤底塗油，鋪上肉丸。
4  用電鍋蒸熟肉丸（外鍋1杯水）。
5  將蒸好的肉汁過濾出來，以小鍋煮滾，倒入太白粉水勾芡，淋上一點香油。
6  在蒸熟的肉丸淋上醬汁、撒上蔥花即可。

★ 料理老師的星級美味秘訣 ★

1  以薑泥、紹興酒去腥，加上魚露增加鮮味，以紅蘿蔔丁增加口感層次，最後將肉汁勾芡淋上，會讓口感更好。
2  有別於整塊餛飩皮包裹絞肉，改以切小塊的餛飩皮沾裹在外表，這樣視覺和口感都會不一樣，也能稍微看到美味肉餡。

Pickled beans and minced pork omelette

豬腿肉／可做便當菜（冷食）

# 酸豇豆肉末烘蛋

中
式

## *Ingredients*

豬絞肉（豬後腿）‧100g
酸豇豆‧20g
大蒜‧1瓣
辣椒‧1/2根
（依自己喜好的辣度做調整）
醬油‧2小匙
雞蛋‧4顆
鰹魚粉‧少許
鹽‧少許
油‧2大匙

酸豇豆

## *Step by step*

1　以熱水鍋汆燙酸豇豆，切小丁；辣椒、大蒜都切碎，備用。

2　平底鍋不加油，加入絞肉炒至熟透，取出備用。

3　原鍋加一點油，炒香蒜末與辣椒末，加入酸豇豆也炒香，將絞肉倒回，沿鍋邊加入醬油拌炒均勻。

4　大碗中加入雞蛋、鰹魚粉、鹽打散，加入作法3的炒肉料拌勻。

5　使用16cm的鑄鐵平底鍋，燒熱並加入2大匙油，倒入作法4的料，待鍋邊蛋液開始變白色時，將整個鍋子放入預熱至180度C的烤箱烤約15分鐘至熟透，取出前用竹籤穿透看看，蛋液不沾黏才可以。取出後倒扣盛盤。

### ★ 料理老師的星級美味秘訣 ★

1　在傳統市場可以買到酸豇豆，使用前需洗去表面的汁液再使用。

2　可以用榨菜來代換豇豆，但蛋液就不需再加鹽了。

*On the table.*

烘蛋一定是西式口味的嗎？這裡嘗試將中式口味的食材做成西式烘蛋來呈現，倒扣盛盤後，撒上一點綠色香菜葉或小蔥點綴，然後讓整個烤盤上桌就非常吸睛，直接切開拍也很好看。

通常，我們看到的西式烘蛋通常是扁扁的外型，其實並不那麼好拍。所以，可以在拍攝前先決定一下想強調的拍攝重點是什麼，比方說想看到烘烤得稍微焦黃的表面，不妨就採用俯拍，雖然底色比較深，但只要搭上有點亮色的香料食材，就能增加吸睛度。

如果想強調烘蛋的質地，改從側面角度拍，讓亮部和焦點落在切開的烘蛋上，就能窺看得到裡面滿滿的餡料，引導看的人想吃這道料理的慾望。

Balsamic roasted pork tenderloins

腰內肉／可做便當菜（熱食）

# 巴沙米可醋烤豬菲力

義式

## Ingredients

腰內肉・1條（去掉頭尾
不整齊的部分，約450g）
黃檸檬・1顆
迷迭香・1枝
大蒜・1瓣
橄欖油・適量
鹽量・肉重量的1.3%
黑胡椒・適量

【醬汁】
巴沙米可醋・80ml
冰奶油・10g

【草莓芝麻葉沙拉】
草莓・9顆
芝麻葉・1把
帕瑪森乳酪・適量
巴沙米可醋・1大匙
鹽・適量
黑胡椒・適量
特級初榨橄欖油・2大匙

## Step by step

1  刨下黃檸檬皮屑，迷迭香切碎，大蒜
   切碎，與鹽及黑胡椒混合均勻，抹在
   豬肉表面，備用。

2  加熱平底鍋並倒入橄欖油，將豬肉表面
   煎成金黃，如果希望形狀漂亮，可以用
   棉線綁肉定型。

3  整鍋放入預熱至190度C的烤箱烤約
   15-20分鐘，直到用竹籤刺肉時會流出
   透明液體為止，烤的中間要翻面一次。

4  取出豬肉，蓋鋁箔紙讓它休息5-10分
   鐘，過濾鍋中的肉汁，備用。

5  在平底鍋中倒入作法4豬肉流出的肉
   汁、巴沙米可醋，煮至收汁至一半左
   右，加入冰奶油拌勻，將豬肉放回鍋
   中，讓表面均勻裹上醬汁。

6  將豬肉切成1cm厚片，先盛盤起來。

7  接著製作草莓芝麻葉沙拉，巴沙米可
   醋、鹽、黑胡椒、橄欖油拌至乳化，
   備用。

8  將草莓對半切，放入盛好豬肉片的盤
   中，加上芝麻葉，淋上油醋醬、刨上
   乳酪屑即可。

★ 料理老師的星級美味秘訣 ★

1  小里肌肉的肉味較溫和而淡，所以拍上香料，透過烹調的熱度來增加風味。

2  烤至肉的中心溫度在62-70度C間即可，讓肉休息後再切片，才能保留肉汁；
   另外，因為肌肉纖維細小，不宜切太薄，以厚片口感較佳。

3  沙拉的油醋醬與豬肉同樣採用巴沙米可醋調味，食用起來特別搭！

*On the table.*

上桌 擺盤

～～～～～～～～～～～～～～～～

外表是咖啡色、黑色這類暗色調的烤肉最適合搭配亮色調的生菜沙拉，所以設計食譜時，我搭配了草莓芝麻葉沙拉，讓整道菜不會暗暗髒髒的。用草莓的紅、芝麻葉的綠、起司片的白讓這道菜變豐富了起來，而且有一點視覺上的小亮點。

大家應該常看到國外料理有時會整盤上桌，這道料理有烤肉和沙拉，正適合整盤俯拍的拍法，左邊的照片是讓食材、綁肉捲的繩子自然散落在盤子與桌面上，帶出隨興感，甚至有一點點粗獷。而右邊的照片則是把焦點放在肉本身，特寫肉的紋理和烤過後的醬色表面，透過畫面讓看到菜色的人想像一下其中的味道。

～～～～～～～～～～～～～～～～

# Pan-seared pork tenderloin with smoked paprika

腰內肉／可做便當菜（熱食）

# 紅椒風味香煎豬菲力

義式

## Ingredients　　　4人份

腰內肉・300g
紅椒・1顆
洋蔥・1/4顆
玉米粉或太白粉・適量
油・適量
細砂糖・2小匙
鹽・1小撮

【醃肉料】
醬油・1.5大匙
白酒・1大匙
紅椒粉・2小匙

## Step by step

1　豬肉切成1cm厚片，用肉槌拍一拍，加上【醃肉料】，醃4小時以上。

2　將豬肉表面拍上玉米粉，等稍微回潮。

3　紅椒切細長條、洋蔥切絲，備用。

4　在平底鍋中倒入稍多的油加熱（約肉的一半高），將肉片表面煎至金黃色，取出保溫備用。

5　保留鍋中剩下的油，放入紅椒條、洋蔥絲炒到熟軟，加入砂糖和鹽，拌炒均勻。

6　將煎好的肉盛盤，搭配作法5的炒紅椒洋蔥即完成。

★ 料理老師的星級美味秘訣 ★

用白酒來醃肉，除了去腥還有軟化肉質的作用，以紅椒粉讓味道較平淡的小里肌增加風味，最後再拍上玉米粉來煎，幫助肉質變柔軟。

# On the table.

~~~~~~~~~~~~~~~~~~~~~~~~~~~~

如果只有幾片煎豬排上桌，看起來會很無聊，而且扁扁的形狀也不美，所以設計了與紅椒粉顏色相近的新鮮紅甜椒做配菜，不僅色系相同，而且帶點甜味的配菜和紅椒豬肉片非常合適。

剛才已提到，這道菜用了紅椒粉，所以主食材是紅褐的強烈顏色，所以給它一個白色系的底搭配，一下就能抓住目光、做出引人食慾的感覺，後方放了同樣是紅黃色系的瓶罐來陪襯。

如果不喜歡這樣的反差，當然也可以選暗色系的底紋囉，就像右邊的照片，白盤裡的紅褐色一樣搶眼，但整體就比較濃郁深沉，兩種設定有著截然不同的視覺印象。

~~~~~~~~~~~~~~~~~~~~~~~~~~~~

Deep fried pork chops stuffed
with perilla and cheese

腰內肉／可做便當菜（熱食）

# 酥炸紫蘇起司豬排

日式

## Ingredients

腰內肉・300g
青紫蘇葉・6葉
三明治起司・6片
鹽・適量
黑胡椒・適量
麵粉・適量
蛋液・1顆
麵包粉・適量
炸油・適量
炸豬排醬・適量

## Step by step

1 腰內肉斜切約3cm厚片，再從中間切蝴蝶刀不切斷展開，以刀背將肉表面拍一拍。

2 在肉表面撒上鹽與黑胡椒，鋪一片紫蘇葉，在另一邊鋪上一片對折的起司片（能增加厚度），再將另一邊蓋上。

3 將肉片拍上麵粉、沾蛋液，再沾上麵包粉壓緊，以免炸的時候起司露出來，入鍋中以160-170度C的油煎炸至表面金黃色。

4 盤後搭配炸豬排醬享用。

### ★ 料理老師的星級美味秘訣 ★

1 味道濃郁的青紫蘇葉可去腥及增加風味，而加熱後融化的起司片能讓口感更佳。

2 炸溫請維持在160度C就好，炸好的肉排才能外酥內嫩。

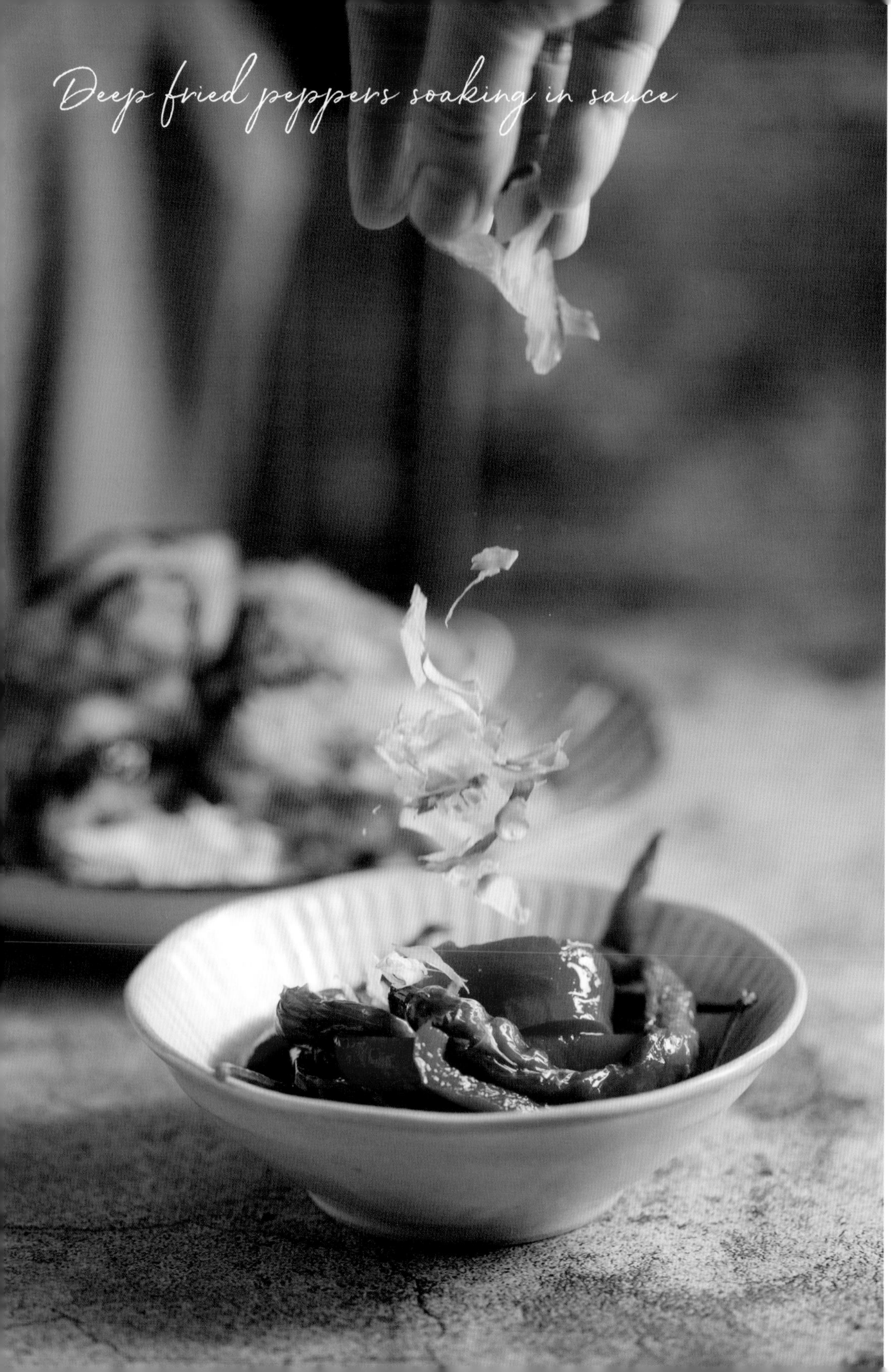
Deep fried peppers soaking in sauce

加分配菜！

# 炸雙椒浸漬

熱食系

## Ingredients

糯米椒·15根
紅椒·1顆
炸油·適量
柴魚片·適量

【浸汁】
日式高湯·120ml
（或水加1/2小匙的鰹魚粉）
醬油·2大匙
味醂·1大匙
米酒·1大匙
砂糖·2小匙

## Step by step

1　洗淨糯米椒後擦乾，紅椒切細長條，備用。

2　熱油鍋，以170度C將糯米椒及紅椒炸至軟，取出備用。

3　用小鍋煮滾【浸汁】的材料後熄火，放入炸好的糯米椒、紅椒浸至變涼，放入冰箱冷藏。

4　盛盤前再撒上柴魚片。

※食材需擦乾再炸，以防油爆；如果糯米椒有破損的話，最好等自然風乾再下鍋炸。

Pork shank stewed in italian style

豬腱／可做便當菜（熱食）

# 義式白酒燉豬腱

## *Ingredients*

豬腱・4顆（約600g）

洋蔥・50g

西洋芹・50g

紅蘿蔔・50g

大蒜・1瓣

迷迭香・1根

乾燥奧勒崗・1/2小匙

白酒・100ml

高湯・100ml

鹽・適量

黑胡椒・適量

橄欖油・3大匙

香料馬鈴薯泥・適量

【變化版】

巴西利碎・1大匙

大蒜・1瓣

檸檬皮屑・1顆

## *Step by step*

1 在豬腱表面撒上鹽與黑胡椒，洋蔥、西洋芹、紅蘿蔔、大蒜切碎，備用。

2 平底鍋中加熱橄欖油，將豬腱表面煎上色，取出備用。

3 原鍋加入洋蔥碎、西洋芹碎、紅蘿蔔碎、蒜碎，以小火炒軟，將豬腱放回鍋中，加入白酒煮至約收汁至一半左右。

4 加入迷迭香、奧勒崗及高湯，煮約90分鐘至肉軟爛，試味道再加鹽與胡椒調味。

【變化版】

5 先夾出豬腱與迷迭香，以食物處理機把鍋中的蔬菜及醬汁打成泥（也可不用），即為濃郁醬汁。

6 切碎大蒜、檸檬皮屑，和巴西利碎拌勻。

7 在盤底鋪上馬鈴薯泥，擺上豬腱，淋上醬汁，再撒上作法6的食材。

### ★ 料理老師的星級美味秘訣 ★

1 豬腱味道較淡，加上香味蔬菜，如：洋蔥、西洋芹、紅蘿蔔，長時間燉煮成義大利風味，再加上香草來增添香氣。

2 擺盤時，挑一個素面、有點深度的盤子，以醬汁為底，放好切好的肉片，再用大湯匙為馬鈴薯泥塑形，最後撒上食材綴飾，就是非常適合宴客的擺盤了。

Potato puree

加分配菜！
# 香料馬鈴薯泥

冷食系

## Ingredients

馬鈴薯・500g
奶油 ・50g
溫牛奶・100ml
肉豆蔻粉・適量
鹽・適量
黑胡椒・適量

## Step by step

1　洗淨馬鈴薯，不削皮就放入鍋中，加入蓋過馬鈴薯的水，加少許鹽，開火煮至叉子很容易穿透的軟度。

2　趁熱去除馬鈴薯皮，以乾鍋炒一下馬鈴薯並壓成泥，加入奶油拌融，再加上溫牛奶、鹽與黑胡椒、肉豆蔻粉拌勻即完成。

3　擺盤時，用兩根大湯匙為馬鈴薯泥塑形，像挖法式冰淇淋那樣做出橢圓狀的樣子，精緻度瞬間加分！

Vietnamese grilled pork shank

豬腱／可做便當菜（冷食）

# 越南風味烤豬腱佐糖醋漬蘿蔔

## Ingredients

豬腱・600g（約4顆）
香茅・1根
大蒜・1瓣
紅蔥頭・1瓣
檸檬汁・1大匙
椰糖・1大匙（或黑糖）
魚露・2大題
蠔油・2小匙

【糖醋漬蘿蔔】
紅蘿蔔・150g
白蘿蔔・250g
水・200ml
白醋・250ml
砂糖・100g
鹽・1小匙

【其他】
生菜・適量
花生粒・1大匙（切粗碎）

## Step by step

1　將豬腱片成蝴蝶狀，攤成厚度約1.5cm的肉排。

2　用研缽搗碎香茅、大蒜及紅蔥頭，讓香氣出來，或者以刀切碎。

3　將豬腱與剩下的材料拌勻，醃至隔夜。

4　在烤盤上架上烤架，烤架刷一層油，鋪上肉排，預熱至230度C，一面烤15分鐘，翻面再5分鐘（如果烤箱有Grill的功能，可以使用Girll功能上色，或使用橫紋烤盤，先一面烙上色後翻到另一面入烤箱）。

5　製作【糖醋漬蘿蔔】，將紅蘿蔔、白蘿蔔切成火柴棒狀，加鹽拌一下，靜置10分鐘後，倒掉碗中的水。然後在小鍋中倒入水、白醋、砂糖煮滾至糖融化，稍微放涼後，取一個乾淨無水分的保存罐，放入紅白蘿蔔，倒入煮好醬汁，浸泡1小時以上。

6　從烤箱取出豬腱，包覆鋁箔紙，靜置10分鐘後切片，搭配生菜、糖醋漬蘿蔔，最後撒上花生碎。

★ 料理老師的星級美味秘訣 ★

檸檬汁與發酵的調味料魚露都能軟化豬腱肉質，雖然烤的時間不長，但整塊烤過後逆紋切片，除了好入口之外，還會保留豬腱的Q彈口感。

豬腱子骨／可做便當菜（熱食）

# 孜然紅麴腱子骨

中式

## *Ingredients*

豬腱子骨‧6根（約750g）

【醃料】
蠔油‧1大匙
紅麴醬‧2大匙
紹興酒‧1大匙
砂糖‧1小匙
蒜泥‧1小匙

【其他】
蒜末‧1瓣
孜然籽‧2大匙
鹽‧適量
白胡椒‧適量
蔥絲‧適量

## *Step by step*

1　將豬腱子骨與醃料混勻，醃4小時以上或隔夜。

2　準備一個可放入烤箱的鍋，在鍋裡平鋪豬腱子骨，倒入30ml的水後加蓋，放入預熱至180度C的烤箱烤1小時。

3　平底鍋熱油，將作法3燜烤好的豬腱子骨表面煎上色，取出備用。

4　原鍋加一點油，放入蒜末、孜然籽，以小火炒香，加鹽、白胡椒拌炒一下，放入豬腱子骨拌勻後盛盤，最後綴上一小撮蔥絲。

### ★ 料理老師的星級美味秘訣 ★

1　利用紅麴的酵素以及紹興酒來醃肉，除了增添風味外還具有軟化肉質的功效。

2　也可以在最後拌炒孜然籽的時候加入辣椒粉，做成辣味的。

# On the table.

特別以炒香的完整孜然籽來沾裹腱子骨，除了有孜然粉沒有的口感外，更讓料理賣相就像是餐廳的私房拿手菜。

擺盤時，為了讓這道菜更有高級感，攝影師建議把腱子骨直立擺放、架在一起，最上面放一小綴蔥絲做裝飾，做出更精緻的感覺。

而拍攝時，我們嘗試了手撒孜然籽的方式，做出畫面的動態感，讓孜然籽自然飄落，順勢看到腱子骨上也沾了孜然籽的樣貌；而右邊的照片是想試著做出一點側面看過去的情境，所以加了布、餐盤…等小道具，並帶入一點綠葉，呈現出餐桌上與空間裡的氣氛。

Garam masala roasted pork belly
with chickpeas

豬五花／可做便當菜（熱食）

# 印度風味鹽麴燜烤肉佐鷹嘴豆

印度風

## Ingredients

整條帶皮豬五花・1000g
鹽麴・130g（大約肉重的13%）
馬薩拉綜合香料・1大匙
黑棗乾・10顆
洋蔥末・1/2顆
罐頭鷹嘴豆・240g
水・200ml

## Step by step

1　在帶皮豬五花的表面插洞，抹上鹽麴、印度綜合香料，均勻搓揉肉表面，醃隔夜（如果希望外型好看，可用棉線綁肉）。

2　準備一個可放進烤箱的鍋子，加入橄欖油，開小火將洋蔥末炒軟。

3　倒入200ml的水、黑棗乾、豬五花，加蓋放入烤箱，以180度C烤40分鐘，開蓋倒入鷹嘴豆，不加蓋再烤30分鐘，取出後切塊盛盤。

### ★ 料理老師的星級美味秘訣 ★

1　印度的馬薩拉綜合香料（Garam masala）在網路上買得到，如果買不到，也可用咖哩粉，做出不同風味來。

2　鹽麴一般使用量為肉重的10%，但因整塊肉醃製較不易入味，建議加重鹽麴比例，或醃兩天以上。鹽麴有軟化肉質的效果，如果不喜歡五花肉的脂肪，也改用豬後腿或豬胛心來料理。

# On the table.

在做這道菜時，因為想強調西式料理的感覺，所以特別用棉線把五花肉塊綁起來，一方面是烹調時可以定型不散開，另一方面是擺盤時更有外國的氛圍。

左邊的照片以砧板為底，讓主食材豬肉、配角鷹嘴豆一起擺盤，加上這道菜用到的其他食材們，做出比較直接、粗獷的感覺。

而右邊的照片則以特寫的方式呈現肉塊切面的紋路，並把背景、色溫都處理得較為濃郁有深度，讓西式料理的印象更加強烈，而視覺焦點是落在肉塊本身稍帶油光的部分。

Orange juice and honey glazed
pork belly

豬五花／可做便當菜（熱食）

# 橙香蜜汁豬五花

中式

## Ingredients

帶皮豬五花‧500g
大蒜‧2瓣
薑末‧2小匙

【醬汁】
柳橙汁‧80g
柳橙皮‧1顆
蜂蜜‧2大匙
甜辣醬或辣椒醬‧2大匙
醬油‧2.5大匙

## Step by step

1　將帶皮豬五花切成0.8cm片狀；大蒜、薑切碎，備用。
2　柳橙切半，一半以削皮刀刨皮再切絲、取汁，另一半刨絲。
3　將刨好的柳橙皮屑、柳橙汁、蜂蜜、甜辣醬、醬油拌勻，備用。
4　加熱平底鍋不倒油，開小火，鋪上豬五花，上面壓上一個比平底鍋還小的鍋蓋，等一面煎金黃色後再煎另一面至金黃色。
5　加入蒜末、薑末拌炒一下。
6　加入【醬汁】的材料拌炒並翻面，煮到濃稠收乾為止。
7　盛盤，最後撒上柳橙皮絲。

★ 料理老師的星級美味秘訣 ★

1　以不加油的方式來煎烤豬五花，逼出豬肉本身的油脂，再以水果（柳橙）來平衡五花肉的油膩感。
2　盛盤後撒上柳橙皮絲（或刨成屑），不只是讓料理增色而已，也有橙皮的香氣。

*On the table.*

一般我們做炒肉片的料理時，會覺得擺盤之後總是塌塌的、全滿佈在盤子內，可試著將肉片往中間堆高成小山，然後在山頂加一點柳橙皮絲（或柳橙皮屑）。讓肉片不要佔滿整個盤子，這樣一來，盤子裡就有適當的留白，才能營造出高級感。

拍攝時，以45度角來看這道菜，當光線落在肉片上、受光面比較多的時候，油油亮亮的感覺就更加明顯，讓人直覺料理本身很下飯的樣子，例如左邊照片的呈現方式；若改從側面拍的話，則是感覺比較精緻，而因為光線處理的關係，醬色變得更加濃郁深沉。

Sliced pork belly with citrus
flavored garlic sauce

豬五花／不適用便當菜

# 柚香蒜泥白肉

中式

## Ingredients

豬五花・500g
薑・2片
米酒・1大匙
小黃瓜・1條

【醬汁】
醬油・2大匙
韓式柚子醬・30g
煮肉湯・1大匙
蒜泥・1小匙
薑泥・1/2小匙
太白粉水
（太白粉1小匙，水2小匙）

## Step by step

1  豬五花放入冷水鍋中，加入蔥、薑、米酒，煮滾後撈掉浮沫。

2  去除浮沫後，鍋蓋留一個小縫，以小火煮約30分鐘後熄火，再加蓋燜 10 分鐘，取出豬五花泡冷水降溫，切成0.3cm的薄片。

3  在小鍋中倒入醬油、柚子醬、作法2的煮肉湯、蒜泥、薑泥煮滾，加太白粉水勾芡。

4  取一個盤子，在底部鋪上刨好的小黃瓜緞帶、一層肉片，最後淋上醬汁。

### ★ 料理老師的星級美味秘訣 ★

1  以不超過80度 C 的微滾煮法讓豬五花泡熟，好讓口感軟嫩；煮好後切成薄片，入口較不會有油膩感。

2  醬汁裡加了一點小心機，使用了韓式柚子醬，以果酸來平衡。

3  有別於一般將小黃瓜切絲的方式，特別將小黃瓜刨成片狀緞帶，這樣盤飾更好看。

Stir fried pork slice and
cabbage with miso

火鍋肉片／可做便當菜（熱食）

# 味噌高麗菜炒肉片

## Ingredients

火鍋肉片・300g
（梅花、里肌、五花皆可）
高麗菜・150g
豆瓣醬・1小匙
大蒜・1瓣
油・適量

【醃肉料】
玉米粉・1大匙
米酒・1/2大匙

【醬汁】
紅味噌・1大匙
砂糖・1小匙
醬油・1小匙
米酒・1小匙

## Step by step

1　高麗菜撕適當大小的塊狀，大蒜切成末，備用。

2　將火鍋肉片、米酒、玉米粉一起抓醃10分鐘。

3　熱一鍋水，維持在沒有滾的狀態，將肉片一片一片稍微撕開，分開下鍋燙至稍微變色，取出瀝乾，備用。

4　炒菜鍋熱油，加入蒜末炒香，倒入豆瓣醬炒一下，放進高麗菜快速拌炒，接著加入半熟的火鍋肉片、【醬汁】材料，快速拌炒後起鍋。

### ★ 料理老師的星級美味秘訣 ★

先以米酒及玉米粉抓醃肉片，然後下鍋先燙過，最後步驟再與其他材料快速拌炒，可讓肉片吃起來更滑嫩，這個方式能解決家庭料理不能過油的方法。

Stir fried pork belly slices in korean soybean paste

火鍋肉片／可做便當菜（熱食）

# 韓式大醬炒五花肉片

韓式

## Ingredients

火鍋五花肉片・300g
蔥・1根
洋蔥・1/4顆
豆芽菜・150g
油・1大匙

【醃肉醬】
韓式大醬（韓國味噌）・1.5大匙
蜂蜜・0.5大匙
醬油・1大匙
黑胡椒・少許
蒜末・1/2大匙
米酒・1大匙

## Step by step

1 將【醃肉醬】材料拌勻；洋蔥順紋切絲，蔥切成蔥花，備用。

2 將火鍋五花肉片與【醃肉醬】醃30分鐘。

3 平底鍋加油，鋪上一半蔥花與洋蔥絲，放上豆芽菜、火鍋五花肉片，開火，等冒出水氣讓底部蔬菜軟化後炒熟即可盛盤，最後綴上一點蔥花。

### ★ 料理老師的星級美味秘訣 ★

1 用發酵的大醬、蜂蜜與酒來醃肉都具有軟化肉質的效果，加上大量蔬菜可以平衡五花肉的油膩感。

2 建議使用燒肉片的厚度會更加美味！

3 以醬熱炒的菜餚通常較難呈現高級感，盛盤時要特別注意盡量往中間集中堆高，放上蔥花時，用成一小撮綴飾就好；也可以直接讓整個平底鑄鐵鍋上桌也很好看，但小心燙手。

Stir fried pork slices with pineapple and bitter gourd

火鍋肉片／可做便當菜（熱食）
# 鳳梨苦瓜炒肉片

中式

## Ingredients

火鍋五花肉片・300g
鳳梨・100g
苦瓜・1/2顆
薑・1片
大蒜・1瓣

【醬汁】
醬油・1大匙
味噌・2小匙
砂糖・1/2小匙
味醂・1大匙
水・30ml

## Step by step

1　鳳梨切小扇形，薑切絲、大蒜切末，備用。

2　苦瓜切成3mm片狀，用熱水鍋汆燙一下，瀝乾水分，備用。

3　火鍋五花肉片切成三段，把【醬汁】材料調勻，備用。

4　平底鍋加熱不倒油，將五花肉片分開一片片下鍋，等油逼出來，待肉稍微上色再開始翻炒，肉片變白後先盛起，備用。

5　原鍋的油（如果太多，可倒掉一些），炒香薑絲、蒜末、鳳梨塊，再加入【醬汁】煮滾後，最後加入火鍋五花肉片、苦瓜片拌炒均勻即可。

### ★ 料理老師的星級美味秘訣 ★

1　用鳳梨的果酸來平衡五花肉片的油膩，同時軟化肉質。

2　苦瓜片先燙過，讓苦味降低一些，和其他食材一起炒時，仍能保有脆度。

# On the table.

〜〜〜〜〜〜〜〜〜〜〜〜〜〜〜〜〜〜〜〜〜〜〜〜〜〜〜〜

以醬料熱炒的菜餚通常較難呈現高級感，我們稍微把菜堆得蓬蓬高高的，並讓鳳梨塊也可以被看到，不要全部都埋在肉片裡了。

拍攝時，選了藍綠色的盤子來嘗試，讓整盤菜的色調更加和諧；而底下的木板也同樣選了綠色系，做出一致感，最後在盤緣綴上一點香菜葉，增加視覺亮點。

同樣一道菜，因為光線處理手法的不同，能明顯看到兩者的氛圍完全不一樣。可以做出溫暖明亮清爽的色調，也可以讓視點只聚集在盤內。

〜〜〜〜〜〜〜〜〜〜〜〜〜〜〜〜〜〜〜〜〜〜〜〜〜〜〜〜

# Chapter

## Beef

### 〈平價牛肉部位的星級家常菜〉

～～～

本篇章介紹了牛絞肉（示範不同的絞肉變化料理）、牛腱肉（美味的油燜做法）、牛肋條（異國風的燉煮口味）、火鍋或燒肉片（涼拌以及飯料理）；以及只要使用板腱或是翼板牛排加上烹調偷吃步，就能做出口感很棒的菜色。

～～～

# Cuts of Beef

**平價牛肉部位介紹**

### 牛絞肉

一般超市販售的牛絞肉會來自不同部位被修剪下來的肉，例如：頸部、大腿…等。牛絞肉最常被用來做成漢堡、肉丸、肉餅…等，能變化的方向很多，書中示範的是做成土耳其式的烤肉串。

### 牛腱肉

小腿腱肉，肉質很硬，但味道香醇，富含膠原蛋白，須經長時間燉煮才會轉化為膠質，一般都拿來紅燒、燉煮或做成絞肉。

### 牛肋條

牛肋條是位於肋骨間的條狀肉，外層帶有筋膜，油花也多，非常適合燉煮，在書中示範了兩種不同風味的燉煮做法。

### 火鍋或燒肉片

種類包含牛五花肉片、梅花牛肉片、牛小排、霜降…等，可依自己喜好的口感及預算來做挑選。

### 板腱或翼板牛排

板腱是位於肩胛內側的肉，屬於價格實惠高CP值的牛排，中間有一條筋，做牛排肉販售時，有時會清修掉中間那條筋，可以用來燒烤。

翼板是牛肩部位中唯一比較軟的肉，含有許多筋絡及油花，吃起來軟嫩適中，可以切厚片當作牛排、骰子牛來燒烤，或切成薄片做炒肉片、涮涮鍋或燒肉片。

Beef kebab with yogurt dipping sauce

牛絞肉／可當便當菜（冷食）

# 土耳其烤肉串佐檸香薄荷優格醬

## Ingredients

【肉串】
牛絞肉‧300g
洋蔥‧30g
孜然粉‧1/2小匙
紅椒粉‧1/2小匙
香菜葉‧1束
鹽‧1/2小匙
黑胡椒‧適量

【檸香薄荷優格醬】
無糖優格或希臘優格‧100g
蜂蜜‧1小匙
薄荷葉‧1大匙
綠檸檬皮屑‧適量
鹽‧適量
黑胡椒‧適量

## Step by step

1　將洋蔥切很碎，和【肉串】的其他材料全放入食物調理機中，打至有黏性成團為止。

2　取出肉泥分成四份，揉成香腸長條狀，分別以竹籤串起。

3　在肉串表面塗一層油，放入橫紋烤盤或平底鍋烤一邊上色後翻面，整盤放入烤箱烤8-10分鐘。

4　薄荷葉切碎，和【檸香薄荷優格醬】的其他材料拌勻，和烤好的肉串、沙拉一起盛盤。

### ★ 料理老師的星級美味秘訣 ★

1　以絞肉的方式截斷肉的粗纖維，加上切碎洋蔥，以增加口感。

2　也可買蜂蜜口味的優格，則不需再加蜂蜜。

Tomato and cucumber salsa

加分配菜！
# 小黃瓜番茄沙拉

冷食系

## Ingredients

小黃瓜 · 1條
牛番茄 · 1顆
紫洋蔥 · 1/4顆
黑橄欖 · 6顆
薄荷葉 · 1大匙

【檸汁油醋醬】
檸檬汁 · 2小匙
橄欖油 · 1大匙
鹽 · 適量
黑胡椒 · 適量

## Step by step

1　小黃瓜、牛番茄都切丁，紫洋蔥切絲後泡冰水去除嗆辣味，黑橄欖切對半，薄荷葉略切碎，備用。

2　將【檸汁油醋醬】的材料拌勻，淋在作法1的沙拉上即完成。

*On the table.*

偶爾直接用橫紋烤盤或鐵鍋煎盤讓料理直接上桌吧！可以讓食物看起來有剛烤好的熱騰騰效果，建議喜歡料理與餐桌佈置的人，不妨在預算內添購一個可以美美上桌的烤盤！無論是日常料理時使用或宴客親友，都相當適合。

因為烤好的肉串一定是深色的，如果直接上桌或拿來拍，視覺上會沒有亮點，暗暗的不會很有食慾。所以，另外搭配優格醬、五顏六色的小黃瓜番茄沙拉，以增添色彩，一次體驗肉串的不同吃法。

左邊的照片比較靜態，以俯拍的方式強調肉串的油亮美味度；而右邊的照片，故意把肉串沾裏上白色的醬料，創造出肉汁似乎要流下、讓人也想咬一口的感覺。

牛腱肉／可當便當菜（熱食）

# 油燜牛腱

西式

## Ingredients

牛腱‧2顆

大蒜‧1瓣

洋蔥‧1/2顆

鯷魚‧3尾

白酒‧60ml

水‧1杯

橄欖油‧200ml

麵包粉‧30g

起司粉‧30g

巴西利碎‧1大匙

鹽‧適量

黑胡椒‧適量

## Step by step

1 洋蔥切碎、大蒜切末，備用。

2 在牛腱表面拍上鹽與黑胡椒。

3 鍋中加入1大匙橄欖油，將牛腱表面煎至金黃色，取出備用。

4 原鍋炒香洋蔥碎、鯷魚，蒜末，將牛腱加回鍋中，倒入白酒煮至揮發。

5 加入等量的水與油蓋過牛肉，以小火煮90分鐘。

6 取出牛腱，開大火收汁煮至一半熄火，加入麵包粉、起司粉拌至起司粉融化後熄火。

7 牛腱切片盛盤，淋上步驟6的起司醬，最後撒上巴西利碎。

### ★ 料理老師的星級美味秘訣 ★

1 讓牛腱肉在稍多量的油中煮，可以保水，讓肉質鮮嫩。

2 以烤蔬菜的顏色來提升整道菜的視覺效果。

Grilled vegetables

加分配菜！
# 烤彩色蔬菜沙拉

熱食系

## Ingredients

紅甜椒・1顆
糯米椒・8根
玉米筍・8根
小番茄・4個
杏鮑菇・1根
橄欖油・適量

【蒜香油醋醬】
大蒜・1/2瓣
紅蔥頭・1/2瓣
巴沙米可醋・10ml
牛腱肉的煮汁・30ml

## Step by step

1　紅甜椒切成8瓣，杏鮑菇切
　　5mm薄片，備用。
2　將所有蔬菜淋上橄欖油，用
　　手抓一下，至所有食材表面
　　都沾上油，平鋪在加熱到很
　　熱的橫紋烤盤中，將所有蔬
　　菜烤出烙痕。
3　大蒜、紅蔥頭切碎，與【蒜香
　　油醋醬】的其他材料拌勻。
4　4將步驟2的蔬菜放入大碗
　　中，淋上【蒜香油醋醬】拌勻。

註： 如果沒有橫紋烤盤，可將
平底鍋加熱不加油，將蔬菜平
鋪煎烤。

Beef rib finger stew with
paprika and beer

牛肋條／可做便當菜（熱食）

# 紅椒風味啤酒燉牛肉

西式

## Ingredients

牛肋條‧400g
洋蔥‧1/2顆
啤酒‧1罐
葛縷子‧1小匙（沒有可不加）
紅椒粉‧2小匙
罐頭番茄丁‧400g
馬鈴薯‧1顆（或小馬鈴薯）
青椒‧1顆
鹽‧適量
黑胡椒‧適量
無糖優格或希臘優格‧適量

## Step by step

1  牛肋條切方塊，洋蔥切塊、馬鈴薯去皮切塊，青椒切塊，備用。

2  鍋中熱油，加入牛肋條煎至表面金黃，取出備用。

3  原鍋放入洋蔥，以小火炒軟，加葛縷子及紅椒粉炒一下，加入牛肋條、番茄丁，倒入啤酒（剛好淹過肉塊的量），加鹽及黑胡椒味調味，煮滾後轉小火，加蓋煮30分鐘。

4  續加入馬鈴薯塊煮20分鐘，最後加入青椒再煮10分鐘即可，試一下味道，依個人喜好加鹽與黑胡椒調整。

5  將煮好的牛肋條和蔬菜盛盤，舀上無糖優格即完成。

### ★ 料理老師的星級美味秘訣 ★

1  利用啤酒的酵素，能讓肉質更鮮嫩多汁。

2  燉肉是紅通通的，舀上白色優格，除了讓料理口感滑順外，也可增添視覺效果。

Beef rib finger stew with chestnuts

牛肋條／可做便當菜（熱食）

# 栗子燉牛肉

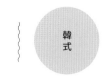

韓式

## *Ingredients*

牛肋條・600g

水・2杯

洋蔥・1/2顆

大蒜・1瓣

黑胡椒粒・10顆

米酒・60ml

醬油・2大匙

鹽・適量

紅棗5顆

栗子・10顆

水梨・100g

【醃料】

米酒・1大匙

醬油・1大匙

砂糖・1/2小匙

香麻油・1小匙

大蒜・1瓣

## *Step by step*

1　牛肋肉切方塊，大蒜壓扁去皮切碎，和【醃料】中的其他材料醃1小時以上。

2　洋蔥切絲、大蒜去皮壓扁切末，用磨泥器磨好水梨泥，備用。

3　鍋中熱油，將牛肋條表面煎至金黃後先取出，加入切絲的洋蔥、大蒜炒香，再將牛肉放回。

4　加入米酒煮一下至酒精揮發，加入水梨泥、栗子、與牛肉等高的水量，醬油、鹽、黑胡椒粒，加蓋以小火煮1小時30分鐘。

5　最後20分鐘時加入紅棗，如果湯汁還太多，可在最後10分鐘，開大火稍微收一下汁至一半的高度。

Korean grilled beef blade steak
with peach kimuchi

板腱牛排／可做便當菜（冷食）

# 韓式風味烤牛肉佐桃子泡菜

韓式

## Ingredients

板腱牛排或翼板 · 2塊
（約350g）
蔥 · 適量

【醃料】
醬油 · 2大匙
韓式辣椒醬 · 2小匙
砂糖 · 2小匙
米酒 · 1大匙
芝麻油 · 1小匙
蒜末 · 1小匙
黑胡椒粉 · 適量

【桃子泡菜】
桃子 · 1顆
美乃滋 · 1大匙
蘋果醋 · 1/2小匙
蜂蜜 · 1小匙
泡菜 · 1大匙

## Step by step

1　蔥斜切，備用。

2　用【醃料】醃板腱牛排2小時
　　以上，備用。

3　加熱橫紋烤盤，於鍋面刷上一
　　層油，將板腱牛排兩面各烤3
　　分鐘，烤出烙痕。

4　製作桃子泡菜，桃子去籽切成
　　長棒狀，加上美乃滋、蘋果醋
　　及蜂蜜拌勻，鋪上切碎的泡菜。

5　牛排靜置10分鐘後，切片盛
　　盤，搭配蔥段及桃子泡菜享用。

★ 料理老師的星級美味秘訣 ★

1　經過醃料的醃製，可增添風味並軟化肉質。

2　建議桃子選擇外皮較紅、口感較脆、甜度及香氣較高的甜桃，亦可
　　換成紅蘋果。

Deep fried beef blade steak
in cheese sauce

板腱牛排／不適合便當菜

# 酥炸牛排佐乳酪醬

西式

## Ingredients

板腱牛排・2片（約300g）
雞蛋・1顆
蒜泥・1/2小匙
鹽・適量
牛奶・1大匙
麵包粉・適量
麵粉・適量
炸油・適量

【乳酪醬】
Emmental 乳酪・100g
鮮奶油・100g
鹽・適量
白胡椒粉・適量
肉豆蔻粉・適量

## Step by step

1　從冰箱取出板腱牛排，室溫下回溫30分鐘。

2　製作乳酪醬，鮮奶油倒入鍋中，以小火加熱，加入乳酪煮至融化，加鹽、白胡椒粉及肉豆蔻粉調味。

3　將雞蛋加上蒜泥、鹽與牛奶打散。

4　將牛排拍上一層麵粉、沾上作法3的蛋液，再壓一層麵包粉，入180度C的油鍋中炸2分鐘至表面金黃後撈起瀝乾。

5　炸牛排盛盤搭配焦糖紅蘿蔔，佐上乳酪醬一起享用。

Glazed carrots

加分配菜！

# 焦糖紅蘿蔔

## *Ingredients*

迷你紅蘿蔔・500g
奶油・30g
細砂糖・1大匙
鹽・少許

註：亦可換成一般尺寸的紅蘿
蔔，切成約7mm長條使用。

## *Step by step*

1 加熱平底鍋，將奶油融化後，
倒入迷你紅蘿蔔拌炒一下，接
著加砂糖炒一炒，倒入滾水，
約略快蓋到紅蘿蔔但沒有蓋過
的量，轉中火，加蓋煮到熟軟
的程度。

2 最後開蓋煮乾，加鹽拌炒一
下，將水分煮乾為止。

Beef donburi

牛五花肉片／可當便當菜（熱食）

# 雙蔥牛丼

日式

## Ingredients

牛板腱火鍋肉片・200g
洋蔥・1/2顆
蔥・1根
日式高湯・1杯
米酒・2大匙
砂糖・1大匙
味醂・1大匙
醬油・2大匙
七味唐辛子・適量
白飯・2碗

## Step by step

1　洋蔥、蔥切絲，牛肉片稍微撕破，備用。

2　鍋中加入洋蔥絲、高湯及米酒煮滾，放入撕過的牛肉片，待牛肉一變色，立即加砂糖、味醂煮2-3分鐘，撈除浮沫。

3　倒入醬油，以小火煮至醬汁剩下2/3左右。

4　盛飯，鋪上煮好的牛肉片及洋蔥，淋上醬汁，加上蔥絲裝飾，最後撒上七味唐辛子。

★ 料理老師的星級美味秘訣 ★

將薄牛肉稍微撕破，可以讓吃起來的口感比較好。

Thai grilled beef salad

牛五花肉片／可當便當菜（冷食）
# 泰式涼拌烤牛肉片

泰式

## Ingredients

牛五花肉片 · 300g
（燒肉用薄片）
紫洋蔥 · 1/4顆
小番茄 · 10顆
小黃瓜 · 1條
香菜株 · 1束
九層塔 · 1枝（取葉）
薄荷 · 1枝（取葉）
熟花生 · 1大匙

【泰式醬汁】
魚露 · 20g
檸檬汁 · 20g
椰糖或細砂糖 · 1大匙
紅辣椒 · 1根
大蒜 · 1瓣

## Step by step

1　紫洋蔥橫切絲，泡冰水至水沒有嗆味，備用。

2　小番茄切4瓣，小黃瓜切半月形薄片，熟花生切粗碎，備用。

3　香菜株的前半段切粗碎，根留著；【泰式醬汁】材料的紅辣椒、大蒜切碎，所有材料和香菜根一起放入食物處理機打碎（或切碎）。

4　將牛肉片與【泰式醬汁】醃1小時，加上適量油抓勻，備用。

5　將橫紋烤盤加熱到很熱，放上醃過的牛肉片，快速將兩面烤上色，稍微靜置（或以平底鍋不加油煎烤）。

6　將牛五花肉片、紫洋蔥絲、香菜碎、九層塔葉、小黃瓜片、小番茄與靜置牛肉片生出來的汁一起拌勻盛盤，最後撒上花生。

★ 料理老師的星級美味秘訣 ★

1　如果想要在烤好後熱熱地吃，可以使用稍多油花的牛肉；但如果是涼的食用，建議牛肉片的油脂含量要少一點，以免油脂礙口。

2　經過醬汁的醃製能為牛肉片增加風味，下烤盤前表面裹上油，可以保持牛肉片的內部濕潤。

# On the table.

色彩繽紛的烤肉片沙拉，很適合暑熱天氣的夏季享用，以五彩的新鮮蔬果做搭配，沁涼又開胃，可考慮用清爽一點的餐盤顏色來襯托食材，拍攝時用的是琺瑯盤。或者，也可用木質材的器皿來裝，例如：木盤或大的木碗都能增加異國風味。

左邊的照片一樣把料疊得高高的，並讓牛肉片能顯而易見，主要想法是以盤中鮮艷的食材們為主角。

而右邊的照片則是想做出夏天般的清涼感，像是飲料杯、植物綠葉入鏡…等，藉以聯想到泰式餐桌的東南亞風情。

*Fish*

## 〈平價魚類的星級家常菜〉

～～～

本篇章介紹價格十分親切的魚類，包括了台灣鯛魚、鯖魚、秋
刀魚、吳郭魚，針對魚本身易有的味道做處理（油封、蒲燒、酥
炸、搭配香料…等），並且和意想不到的食材做結合，讓菜色賣相
極佳，讓人一嚐上癮的創意魚料理。

～～～

4

# Fishes

## 平價魚類介紹

**台灣鯛魚片**

台灣鯛魚改良自吳郭魚，以海水養殖，又稱「台灣鯛」，市面上多以去骨去皮的魚排冷凍真空包裝販售，口感鮮甜，書中示範了酥炸和做成魚餅的鯛魚料理。

**鯖魚**

台灣市面上常見的有進口的鹽漬大西洋鯖魚，它的油脂相當飽滿，而台灣能捕到的是花腹鯖或白腹鯖，相對來講肉質較會乾澀。台灣鯖魚一年四季都可以吃得到，但想要肥美就得等12月至1月間才是最佳時節！

因為鯖魚有血合肉，所以魚的體味比較重，可以先以滾燙的熱水澆淋鯖魚的外皮，或者以洗米水來浸泡鯖魚，都可以除去腥味。

**秋刀魚**

秋刀魚在秋天是滋味最肥美的時候，因為捕獲量大，所以價格相當便宜，但營養卻很豐富。挑選時，選擇頭小、魚身圓胖的為佳。一般烹調大多是油煎、燒烤、燉煮，書中示範了油封、蒲燒的做法。

**吳郭魚**

吳郭魚是淡水魚，但也能生活在出海口及沿海，早年的吳郭魚有很重的土腥味，但經過改良後已比較沒有土腥味，而且很好養殖，故單價相對低廉，現在市場上大都販售海水吳郭魚。一般來說，糖醋、紅燒…等較重口味的方式適合來料理吳郭魚。

**虱目魚**

虱目魚是台灣相當受歡迎的平民魚，尤其是去刺的魚肚肉質鮮甜好吃，一般多以油煎、紅燒、煮粥煮湯來料理或做成魚丸；書中示範了咖哩口味、油燜這兩種做法。

Cereal butter tilapia

台灣鯛魚／不適合帶便當

# 黃金麥片魚

西式

## Ingredients

鯛魚片・2片（250g）
米酒・1小匙
鹽・1/2小匙
薑黃粉・1/2小匙
麵粉・適量
奶油・10g
即食麥片・1/4杯
九層塔葉・幾葉
辣椒・1根

## Step by step

1　以米酒、鹽、薑黃粉醃鯛魚片10分鐘，表面拍上薄薄一層麵粉，備用。

2　取一平底鍋，倒入稍多的油加熱，將鯛魚片兩面煎至金黃色；煎魚的同時，放入九層塔葉、斜切的辣椒，一起煎至呈深色後取出（小心九層塔葉會碎掉），備用。

3　原鍋加入奶油，將麥片炒至淺黃色，放入煎好的鯛魚片再下去拌一下即可盛盤，最後撒上九層塔葉及辣椒。

★ 料理老師的星級美味秘訣 ★

1　薑黃粉能為魚片增色提味，也可替換成咖哩粉，一樣能做出金黃色澤。

2　用奶油炒麥片時，需炒至稍微上色的程度，口感會較為香酥。

～～～～～～～～～～～～～～～～～～～～

為了讓配色好看，設計「黃金麥片魚」時，我放了稍微
煎過的九層塔葉及辣椒點綴，不僅和主食材很搭，紅
綠顏色更增加了食慾。脆脆的九層塔葉不只是配色而
已，和著酥香魚塊一起吃，有著絕妙的香氣滋味。

一般在家裡做這道菜、只想簡單享用時，有點花的盤
子反倒是不錯的選項，視覺上比較活潑之餘，也讓盤
中的食物更吸睛，一上桌就能吸引大家的目光。

但是，若要宴客或做兩人晚餐盛盤的話，建議以西式
套餐的方式呈現，分裝成一人一盤，將一人份的魚排
交互堆疊在盤中心或1/3的位置，適當的留白，增加高
級感。

～～～～～～～～～～～～～～～～～～～～

Bean curd with fish paste

台灣鯛魚／不適合帶便當

# 腐皮魚餅

中式

## Ingredients

鯛魚片 · 250g

【魚漿調味料】
鹽 · 1小匙
香菜 · 1枝
白胡椒粉 · 適量
米酒 · 1/4小匙
蛋白 · 2大匙
太白粉 · 1小匙

【其他】
腐皮 · 3張
麵粉水（麵粉 5g+ 水 10ml）
炸油 · 適量

## Step by step

1　讓鯛魚片半解凍後切塊，香菜取下葉子，備用。

2　準備食物處理機，放入鯛魚片、鹽、香菜葉，打至產生筋性後續加入【魚漿調味料】，打成質地細緻的魚漿。

3　一張腐皮剪一半分成兩份，剪掉邊緣硬硬的部分，塗上魚漿，包起呈方形，收口塗麵粉水，共做5-6份。

4　平底鍋熱油（約蓋至食材一半的位置），加入魚餅兩面煎炸至金黃色後撈起瀝乾。

Chinese cabbage salad

加分配菜！
# 涼拌白菜

冷食系

## *Ingredients*

白菜．400g
鹽．1.5小匙
大蒜．1瓣
芥花油或玄米油．1大匙
魚露．1.5小匙
米醋．1小匙
香菜葉．適量

## *Step by step*

1　洗淨白菜後切成細絲，加鹽醃10-15分鐘，至白菜莖呈現透明為止。

2　切碎大蒜，與芥花油泡一下至入味，即成蒜油，備用。

3　擠掉白菜的水分，加上蒜油、魚露及米醋拌勻，再加上香菜葉拌一下即可盛盤。

Deep fried mackerel with sweet and sour carrots

鯖魚／可當便當菜（冷食）
# 酥炸鯖魚佐糖醋洋蔥紅蘿蔔

中式

## *Ingredients*

去刺鯖魚片 · 1尾
（請魚販先處理好並取片）
醬油 · 2小匙
薑泥 · 1小匙
清酒或米酒 · 1大匙
地瓜粉 · 適量

【糖醋洋蔥紅蘿蔔】
洋蔥 · 1/2顆
紅蘿蔔 · 50g
番茄醬 · 4大匙
伍斯特醬（或烏醋）· 2大匙
砂糖 · 1大匙
鹽 · 少許

## *Step by step*

1　將兩片去刺鯖魚片切成四段；洋蔥切絲，紅蘿蔔切成5mm的細條，備用。

2　鯖魚片放入碗中，倒入醬油、薑泥、清酒醃20分鐘。

3　在醃好的鯖魚片表面拍上地瓜粉，等地瓜粉反潮，以170度C的油溫將鯖魚片炸至金黃色，取出備用。

4　接著製作【糖醋洋蔥紅蘿蔔】，在平底鍋中倒少許油加熱，將洋蔥絲、紅蘿蔔絲炒軟，加上番茄醬、伍斯特醬、砂糖、鹽，拌炒至稍微收汁。

5　將炸好的魚片盛盤，上面鋪上【糖醋洋蔥紅蘿蔔】一起享用。

### ★ 料理老師的星級美味秘訣 ★

以醬油、米酒、薑泥醃鯖魚，可以去腥並增加風味，再裹上地瓜粉來炸，讓魚肉外酥內嫩。

Mackerel in tomato sauce

鯖魚／可當便當菜（熱食）
# 茄汁鯖魚

西式

## *Ingredients*

鯖魚（中等大小）· 1尾
麵粉 · 適量
洋蔥 · 1/4顆
白酒 · 50ml
罐頭番茄泥 · 200g
冷凍碗豆 · 2大匙（可不加）
醬油 · 1大匙
鹽 · 適量
黑胡椒 · 適量

## *Step by step*

1　將鯖魚去頭去尾，切大塊；洋蔥切絲，備用。

2　在鯖魚塊表面撒上鹽，拍上一層薄薄的麵粉，平底鍋熱油，將魚塊兩面煎至金黃，取出備用。

3　原鍋加入洋蔥絲炒軟，將魚放回，淋上白酒，煮一下稍微收乾，加入番茄泥、冷凍碗豆、醬油，以鹽與黑胡椒調味，稍微煮10分鐘左右即可。

### ★ 料理老師的星級美味秘訣 ★

1　將鯖魚事先拍上薄薄麵粉來炸再燴煮，可讓鯖魚的肉質較嫩之外，經過油煎過的梅納反應，會讓魚吃起來比較不腥，更有香味。

2　加入豌豆，和番茄的紅色會對比，增加視覺上的美味程度。

Saury confit

秋刀魚／可當便當菜（冷食）

# 檸檬香草油封秋刀魚

## Ingredients

秋刀魚·3 尾
鹽·適量
（約秋刀魚重量的 1.5% 左右）
芫荽籽·1 大匙
香菜株·1 束
檸檬·1/2 顆
芥花油·適量

## Step by step

1　秋刀魚切成兩半，在魚身表面撒鹽，醃隔夜。

2　以乾鍋炒香芫荽籽，其中2小匙用廚房紙巾包起來，用擀麵棍稍微敲碎。

3　取一個剛好可以平鋪秋刀魚的烤盤，將秋刀魚擦乾後放入烤盤，撒上芫荽籽2小匙（剩下的做裝飾用）、香菜莖（葉子留做裝飾用）、切片的檸檬，倒入芥花油蓋過秋刀魚。

4　放入預熱至100度C的烤箱，烤3小時即可取出。

### ★ 料理老師的星級美味秘訣 ★

1　以低溫油封方式來料理秋刀魚，可保持魚肉的鮮嫩，而且油分與秋刀魚的脂肪融合在一起，引出了魚肉的鮮甜滋味。

2　最後加上新鮮香菜葉與新鮮芫荽籽，除了呼應食材裡原有一起油封的香料之外，也為料理增色（在泰國食材專賣店或網路上買得到芫荽籽，如果沒有，也可用好取得的黑胡椒粒變化成不同風味）。

Saury kabayaki

秋刀魚／可當便當菜（熱食）

# 蒲燒秋刀魚

日式

## Ingredients

秋刀魚·3尾
麵粉·適量
油·3大匙
烤過的白芝麻·適量

【醬汁】
米酒·1大匙
醬油·2大匙
味醂·1大匙
蜂蜜·1大匙
蠔油·1/2小匙

## Step by step

1 將秋刀魚去除內臟取魚片，讓每塊魚片切成兩段，備用。
2 擦乾魚片，表面拍上薄薄的麵粉，平底鍋熱稍多的油，將秋刀魚片兩面煎至金黃色，取出備用。
3 倒出平底鍋內的油，將鍋底擦乾淨，倒入【醬汁】的材料，鋪上魚片，開火煮至汁收乾。
4 可將蒲燒秋刀魚做成丼飯，盛飯的碗裡鋪上秋刀魚，最後撒上白芝麻。

### ★ 料理老師的星級美味秘訣 ★

1 魚片拍粉後煎香再與醬汁燒，可去除掉秋刀魚的腥味，煎到有點酥的秋刀魚會很有口感。
2 盛好白飯，放上秋刀魚之前，可鋪青紫蘇葉為底做裝飾。

Peapod in katsuobushi flavored oil

加分配菜！

# 鰹魚風味豌豆莢

熱食系

## Ingredients

豌豆莢‧100g
草菇或蘑菇‧80g（切對半）
小番茄‧5顆（切4瓣）
自製柴魚風味橄欖油‧1大匙
醬油‧1小匙
柴魚片‧適量

## Step by step

1　在滾水鍋中加入鹽、少許的
　　油，將豌豆莢及草菇燙熟。
2　自製柴魚風味橄欖油加上醬油
　　拌勻，淋在蔬菜上，最後鋪上
　　一些柴魚片。

※自製柴魚風味橄欖油的作法：
取柴魚片袋子底部的碎屑1大匙，
和30ml橄欖油一起放入乾淨無水
分的有蓋保存容器中，浸泡至隔
夜即可使用。

Boiled tilapia with Pickled Cabbage and Chili

吳郭魚／不適合當便當菜

# 酸菜燜魚

中式

## *Ingredients*

吳郭魚・1尾

米酒・1小匙

鹽・適量

麵粉・適量

蔥・1根

薑片・2片

大蒜・1瓣

紅辣椒・1根

花椒・1小匙

酸菜・100g

醬油・1.5大匙

砂糖・1/2小匙

## *Step by step*

1　蔥白切段，蔥綠切絲，大蒜拍扁去皮，紅辣椒切絲，備用。

2　在魚身兩面各畫兩刀，抹上鹽及米酒醃10分鐘，用廚房紙巾擦乾表面水分，拍上一層薄薄麵粉。

3　平底鍋熱油，將吳郭魚兩面煎至金黃，取出備用。

4　原鍋稍微降溫後，以小火炒香花椒及蔥薑蒜，加入醬油、砂糖、酸菜及適量的水燒一下，再將吳郭魚放回鍋中煮至稍微收汁入味後熄火。

5　盛盤，最後再撒上紅辣椒以及蔥絲。

### ★ 料理老師的星級美味秘訣 ★

與酸菜一起燒煮的吳郭魚吃起來肉質鮮嫩，搭配帶有花椒香氣微酸不辣的湯汁，相當開胃。

Fish poached in "crazy water"

# 瘋狂之水煮魚

## Ingredients

吳郭魚・1尾（約400g）
蛤蜊・10顆
大蒜・1瓣
自製小番茄乾・10顆
新鮮小番茄・5顆
白酒・150ml
特級橄欖油・適量
鹽・適量
黑胡椒・適量
巴西利・適量

## Step by step

1　將吳郭魚洗淨處理好，用刀子在魚身最厚的地方劃一刀，然後在魚身及肚子內抹上適量的鹽。

2　大蒜切片、小番茄切對半，備用。

3　平底鍋加熱稍多量的油至微冒煙的程度，轉小火將魚下鍋，兩面煎至上色。

4　倒出多餘的油，加入蒜片、倒入白酒，再加入小番茄及番茄乾，以大火煮滾，然後加入蛤蜊，加蓋燜煮一下。

5　等蛤蜊打開，加鹽及黑胡椒調味，再淋上特級橄欖油，讓煮汁乳化，最後撒上巴西利，熄火盛盤。

### ★ 料理老師的星級美味秘訣 ★

1　魚肉煎香後會產生香氣，再以白酒去腥，湯汁融合了蛤蜊的鮮香。

2　自製小番茄乾的作法：將小番茄縱切對半，平鋪在烤盤上，撒上適量的鹽及黑胡椒，放入100度C的烤箱烤2小時後取出，接著在室溫下自然乾燥半天即可使用。

Milk fish in tomato curry sauce

虱目魚／可當便當菜（熱食）

# 番茄咖哩虱目魚

## *Ingredients*

虱目魚肚‧1尾
大蒜‧1瓣
洋蔥‧1/4顆
咖哩粉‧1/2大匙
牛番茄‧1顆
椰奶‧150ml
油‧適量
鹽‧適量
檸檬葉‧幾片

## *Step by step*

1 虱目魚肚對折後輪切，表面撒上少許鹽醃10分鐘，用廚房紙巾擦乾；洋蔥切絲，牛番茄切2cm塊，備用。

2 平底鍋熱油，放入虱目魚塊，將兩面煎至金黃，取出備用。

3 原鍋加入蒜瓣、洋蔥絲炒香，加上咖哩粉拌炒一下，再倒入番茄丁及椰奶煮滾，加回虱目魚塊，轉小火一起燴煮至濃稠即可。

4 盛盤，最後撒上切絲的檸檬葉裝飾。

### ★ 料理老師的星級美味秘訣 ★

1 先香煎再燴煮，然後加入椰奶來平衡咖哩的辛辣，以豐厚的咖哩醬汁帶出魚肉的鮮甜。

2 最後以切絲的檸檬葉裝飾，除了為單一顏色的咖哩料理增色之外，也會散發出檸檬葉特殊的香氣，讓成品更有層次。

Milk fish poached in olive oil

虱目魚／可當便當菜（冷食）

# 油燜辣味虱目魚

中式

## Ingredients

虱目魚肚・1片
紅蘿蔔・15g
小黃瓜・半條（約30g）
辣椒粉・適量
（辣度依喜好調整）
魚露・1大匙
芥花油或其他植物油・適量

## Step by step

1　虱目魚肚橫切成6塊，小黃瓜 切5mm厚片，紅蘿蔔切3mm薄片，備用。

2　取一個剛好可平鋪一條魚的鍋子，將魚皮面朝上，平鋪入小鍋中，淋上魚露、撒上辣椒粉，鋪小黃瓜片及紅蘿蔔片，倒入與魚肉等高的油，以小火加蓋燜煮15分鐘即可。

### ★ 料理老師的星級美味秘訣 ★

以小火油燜的烹調方式，會讓魚肉相當鮮嫩。

# 五星級自慢家常菜

小預算做出驚奇滋味，
美味配方＋烹調一點訣＋簡單擺盤，
自家料理華麗升級！

作者｜Winnie 范麗雯
主編｜蕭歆儀
特約攝影｜王正毅
封面與內頁設計｜D-3 Design
印務｜黃禮賢、 李孟儒

出版總監｜黃文慧
副總編｜梁淑玲、林麗文
主編｜蕭歆儀、黃佳燕、賴秉薇
行銷企劃｜陳詩婷、林彥伶

社長｜郭重興
發行人兼出版總監｜曾大福

出版｜幸福文化
地址｜231新北市新店區民權路108-1號8樓
粉絲團｜https://www.facebook.com/Happyhappybooks/
電話｜（02）2218-1417
傳真｜（02）2218-8057

發行｜遠足文化事業股份有限公司
地址｜231新北市新店區民權路108-2號9樓
電話｜（02）2218-1417
傳真｜（02）2218-1142
電郵｜service@bookrep.com.tw
郵撥帳號｜19504465
客服電話｜0800-221-029
網址｜www.bookrep.com.tw
法律顧問｜華洋法律事務所 蘇文生律師

印製｜凱林彩印股份有限公司
地址｜114台北市內湖區安康路106巷59號
電話｜（02）2794-5797

初版一刷　西元2019年6月
Printed in Taiwan

五星級自慢家常菜：小預算做出驚奇滋
味， 美味配方＋烹調一點訣＋簡單擺
盤，自家料理華麗升級
/ Winnie 范麗雯著. -- 初版. -- 新北市
：幸福文化, 2019.06　　面；　公分. --
（Sante ; 15）
ISBN 978-957-8683-58-7（平裝）
1.食譜
427.1　　　　　　　　　　108009039

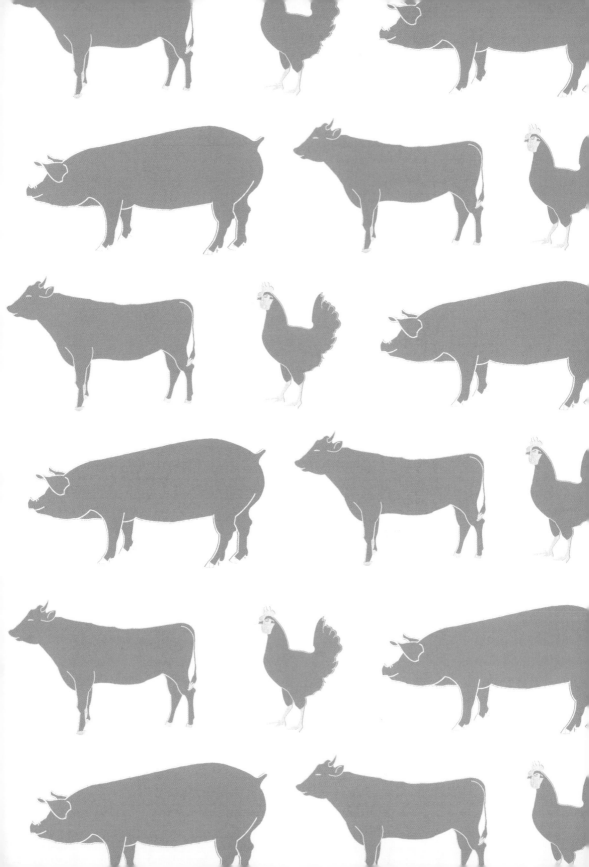